# 电力系统自动装置

## （第3版）

霍慧芝　赵　菁　主　编

许克明　主　审

重庆大学出版社

# 内 容 提 要

本书以电力系统最基本的、常用的、重要的自动操作装置、自动调节装置作为基本内容，并根据系统的发展，介绍了当前最新的、处于发展中的自动化系统。全书共6章，分别论述了微机监控系统基础知识、同步发电机的自动并列、同步发电机自动励磁调节系统、电力系统频率及有功功率的自动调节、按频率自动减负荷及其他安全自动控制装置、电力系统调度自动化的监控技术及配电网自动化技术。

本书主要作为高等院校电气工程及其自动化专业的教材，也可作为成人高校教材，还可供有关科研人员、工程技术人员参考。

**图书在版编目（CIP）数据**

电力系统自动装置/霍慧芝,赵菁主编.—3版.—重庆：
重庆大学出版社,2013.6(2024.6重印)
（高等学校电气类系列教材）
ISBN 978-7-5624-1110-9

Ⅰ.①电…　Ⅱ.①霍…②赵…　Ⅲ.①电力系统—自
动装置—高等学校—教材　Ⅳ.①TM76

中国版本图书馆 CIP 数据核字(2013)第130675号

## 电力系统自动装置
### （第3版）

霍慧芝　赵　菁　主　编
许克明　主　审

责任编辑:谢　芳　　版式设计:曾令维
责任校对:邹　忌　　责任印制:张　策

\*

重庆大学出版社出版发行
出版人:陈晓阳
社址:重庆市沙坪坝区大学城西路21号
邮编:401331
电话:(023) 88617190　88617185(中小学)
传真:(023) 88617186　88617166
网址:http://www.cqup.com.cn
邮箱:fxk@ cqup.com.cn（营销中心）
全国新华书店经销
POD:重庆新生代彩印技术有限公司

\*

开本:787mm×1092mm　1/16　印张:11.5　字数:287千
1996年5月第1版　2013年6月第3版　2024年6月第14次印刷
ISBN 978-7-5624-1110-9　定价:35.00元

# 第 3 版前言

电力系统的迅速发展,对自动化技术提出了更多更高的要求,以模拟技术实现的多种自动装置已难满足对可靠性、供电质量、经济性要求越来越高的现代电力系统的要求。而计算机技术、通信技术同时也在飞速发展,并自然地进入电力系统自动化领域。各种应运而生的应用信息处理技术的新型自动装置与系统已在电力系统得到越来越多的应用,并仍在发展中。

鉴于此,由许克明、田怀智编著的《电力系统自动装置》一书,其内容已不能满足教学要求,因此,重新编著一本能反映现代电力系统自动化技术进展的新版《电力系统自动装置》教材实为必要而迫切。

目前,国内已有数本关于电力系统自动化方面的教材,但专门面向职业技术学院又兼顾本科使用的教材极少。为此,特决定编著本教材。

新版教材沿用了旧版教材经多年教学实践后证明是较好的体系。因对于各类自动装置或系统均介绍相应的数字式装置,故增设微机监控系统基础知识一章。全书共 6 章,除第 1 章为新编外,其他各章只保留了旧教材的部分框架及必需的一般性原理的阐述,章节内容及安排均有较多变化,故新版教材已是一本新编教材。

本教材仍以叙述装置基本原理为主线展开。在作为本科教材的同时,适应职业技术学院的特点,在教材内容求新的同时,叙述上力求深入浅出,并满足必需的理论阐述。为使叙述有序,采取先介绍在逻辑关系上易于理解的模拟式装置工作原理或逻辑框图功能,再阐述微机装置的组成及其功能的实现。

本教材由贵州师范大学霍慧芝、贵州大学赵菁主编,由贵州大学许克明主审。

编写本教材时,除参考了书末附注的参考文献外,还参考了多种专业期刊有关论著。在此对各位作者表示感谢。

由于新技术、新理论的不断采用,而编著者水平有限,实践经验不足,文中疏漏、缺点乃至错误难免,望专家与读者批评指正。

编　者

2013 年 5 月

# 目录

# 绪　论

绪论阐述以下内容:从电力系统的特点及对电力系统运行的要求出发,说明电力系统自动化的必要性与重要性;然后给出电力系统中的自动装置的工作模式,并对当前运行于电力系统中的自动装置类型作出说明;最后对本教材的内容及安排给出说明。

## 0.1　电力系统的特点及对其运行的要求

### 0.1.1　特点

电力系统因其结构复杂、地域广,已成为有别于其他工业的特点。发展至今,其机组容量越来越大,输电电压也更高,输电距离更远;加之系统内设备极多,使网络结构更复杂,地域更庞大。国民经济的发展与人民生活水平的提高和电力工业紧密相关。这是电力系统的又一特点。而电力在生产过程中,更有以下重要特点:

(1)**电能的发、输、用电的同时性**

电能不能储存,故电能在生产、传输、分配与使用中,遵循功率平衡原则,整个电力系统无论多庞大,均是一个整体。

(2)**暂态过程短暂而难以避免**

电力系统在运行中因运行方式或其他原因,使部分设备运行发生改变是正常的。因其是电磁暂态过程,故时间是短暂的。在电力系统中,故障的发生与发展是难免的,其暂态过程也是短暂的。

### 0.1.2　对运行的要求

根据电力系统的主要特点,对其运行应有以下基本要求:电力系统必须在保证安全可靠运行的前提下,向广大用户提供质量符合指标的电能,进而提高电力系统运行的经济性。

## 0.2 电力系统自动化的重要性及自动装置的分类

### 0.2.1 重要性

由电力系统的特点及其运行要求可见,必须有一系列功能齐备的各种自动装置工作于电力系统,才能保证电力系统安全可靠地运行,进而才能达到经济运行,否则电力系统是根本无法正常运行的。这一系列的自动装置与电力系统的配合就构成了电力系统自动化。

可以认为,电力系统自动化就是根据电力系统本身特有的性质,配置各种必需的、符合要求的自动装置,进行自动控制与管理电力系统,实现电力生产的安全可靠运行。

因此,现代电力系统实现电力系统自动化,不仅是减轻人的劳动强度,而且是维持电力系统正常运行的必备手段。随着电力系统的发展及国民经济对电力工业需求的变化与增加,电力系统自动化的内容及范围也必然随之变化与发展。

### 0.2.2 自动装置的分类及其工作模式

电力系统中的自动装置没有明确的分类原则,一般可按装置所在的场合及其功能来分类,可分成以下几大类系统:

**(1)电力系统自动监视和控制系统**

工作于电力系统的各种自动装置均是功能不同的自动监视或控制系统。此处所述是专指为电力系统服务的调度自动化系统。整个系统由计算机数据采集与监控系统(Supervisory Control and Data Acquisition,SCADA)配以多种基础功能软件和传输远方信息的通信系统组成。其主要任务是在调度端通过远动通信道搜集远方发电厂、变电站的各种实时信息,并进行处理,作出决策;形成管理命令下达给各有关厂、站,以达到在正常运行状态时,提高电力系统的安全、经济运行水平;当系统发生事故时,迅速处理并消除事故,恢复正常供电,使事故造成的不良影响减至最小。

当调度自动化系统增加安全分析与控制、经济调度管理等能量管理功能后,则被称为能量管理系统(Energy Management System,EMS)。

而面对用户的供电部门的调度自动化系统,在增加多种服务于用户的管理、配电网管理功能后,则称为配电管理系统(Distribution Management System,DMS)。

**(2)电厂动力机械自动控制系统**

不同类型电厂的动力机械各不相同,故动力机械的自动控制类型也不相同。火电厂是锅炉、汽轮机等热力设备的各类自动控制系统;而水电厂则是水轮机等各种水力机械的控制系统;核电站则是核能控制系统。

动力机械自动控制系统分属于对应专业领域,但从发电厂角度看,动力机械自动控制系统是电厂自动控制的主要组成部分。先进的动力机械自动控制系统均为计算机监控系统,并可与电气部分的计算机监控系统组成协调统一的计算机监控系统。

**(3)电力系统自动装置**

在发电厂及变电站中,服务于一次系统的各种自动监控装置即为电力系统的自动装置,是保证电力系统安全可靠运行,保证电能质量和实现经济运行的基础自动化设备。

电力系统自动装置种类极多,可按其工作模式划分为以下两大类:

1)自动操作型装置

这是保证电厂与电力网安全运行的自动装置,包括正常操作与反事故操作两类,后者又称为安全自动控制装置。这类自动装置的工作模式均可用图0.1表示。图中的控制信号作用于受控设备。

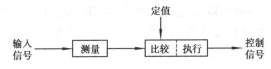

图 0.1　自动操作型装置工作模式

这类装置包括自动并列、自动按频率减负荷、自动解列、强行励磁,电力负荷控制等装置。广义地看,继电保护及自动重合闸以及若干新型接地保护装置也应属于这类自动装置中的安全装置类,只因其工作的特殊性及相关的系统性,已成为继电保护这门技术学科的内容。

2)自动控制(调节)系统

这类装置是保证电力系统正常稳定运行,保证电网电能质量符合指标进而实现电网经济运行的重要自动化装置。其工作方式如图0.2所示。装置按闭环控制系统原理进行工作,其输出量即为系统的被控(调节)量。电力系统中很重要的自动励磁控制系统、自动调频系统为这类系统。它们的功能是保持机端电压和系统频率在给定范围内,并使机组间的无功功率、有功功率分配合理,进而实现经济运行。

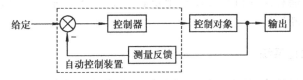

图 0.2　自动控制系统工作过程框图

## 0.3　电力系统自动化发展趋势

近年来,由于微机应用技术、通信技术的发展,以及各种大功率电力电子元器件可靠性的增大及使用寿命的延长,加上各种控制算法在理论上应用现代控制理论及人工智能方法后,极大地扩展了自动化范围,大大促进了电力系统自动化加速发展。

可以将电力系统自动化的发展概括为柔性交流输电系统(Flexible Alternative Current Transmission System,FACTS)技术应用、智能化自动装置、综合自动化,进而实现数字化电力系统。简介如下:

### 0.3.1　FACTS 技术应用

柔性交流输电系统技术也称为灵活交流输电系统技术。这是应用微机控制技术对给定结构的电力电子器件进行控制,使之具有特定功能的一类技术的总称。这类电力电子自动装置可以对电力系统中的节点电压、相位差、线路电抗值等重要参数以及无功、有功功率实现连续可调,使输电系统有更灵活的可控性,从而达到电力系统在多种运行方式下均能更可靠、稳定与经济地运行。

由于配电网面对用户的特殊性,将 FACTS 技术应用于配电网后,称为配电网的柔性交流输电系统(DFACTS),也被称为定制电力(CustomPower,CP)技术。

目前,电力系统中有以下 FACTS 或 DFACTS 装置:新型静止无功功率发生器、可控串联补偿器、统一潮流控制器、固态断路器、动态电压恢复器、用户电力控制器、有源电力滤波器、故障电流限制器等。其中,新型静止无功功率发生器不仅可与系统进行无功调节,且能抑制系统电压波动、闪变和提高系统稳定性,故得到较多应用。有源滤波器作为当今抑制谐波的最好方式也得到运用。

### 0.3.2　智能型自动装置的应用

电力系统是一个本质非线性、运行方式多变的随机性很强的动态系统,长期以来,只适应于特定运行方式下的线性自动控制系统,很难满足系统多变运行方式下的要求。即这类控制系统不能保证电力系统在不同运行状态下都能有良好的控制能力。这就促使智能型控制系统的研究及开发应用。

具有特定功能的自动控制系统有着自适应能力或自学习、自组织能力和较好的鲁棒性,则该控制系统具有智能性。当受控对象运行状态变化或参数变化后,智能型自动控制系统能自动调整以适应其变化,从而达到良好控制效果。

多种基于人工智能算法的自动控制系统及若干 FACTS 技术具有智能控制作用。智能控制理论及技术仍在不断发展。

### 0.3.3　综合自动化系统

充分利用微机监控技术,使多种原来只有单一功能的自动装置或系统综合为一套具有多功能的自动监控系统,这即是综合自动化。一类综合自动化系统服务(监控)的应是同一个对象,故综合自动化实现了数据共享。

目前电力系统有多种综合自动化系统。例如,发电机综合自动控制系统,其功能包括了发电机组启停顺序控制、励磁控制、调速控制等。

当前,电力系统推行的变电站综合自动化系统则是另一类综合自动化。整个变电站按分布式结构原理设计,将变电站分成主站(变电站)级管理与按断路器划分的现场级子站。每个子站将对应对象的监视、控制、保护功能集成在一个子站单元中,整个变电站通过站内通信网统一在一个计算机网络中,由主站管理,从而大大提高了变电站运行的可靠性与灵活性。

此外,高压直流输电系统已是当今许多大电力系统的组成部分,并已形成交直流混合输电系统。对直流系统的电流控制、分相控制、混合输电系统的稳定性控制、调度管理等,均有相应的控制装置与管理方法。它们应是电力系统自动化发展中不可忽视的一个方面。

随着计算机技术、信息技术的发展及新兴智能理论的发展,电力系统市场化的要求,将推动电力系统自动化向更新更高水平发展。

## 0.4 本教材的内容及安排

### 0.4.1 教材特点

电力系统自动装置种类繁多,本教材以最基本、最常用的自动操作装置、自动控制系统作为基本内容。由于自动化技术发展很快,故也适当介绍发展中的自动装置或系统。

电力系统自动化技术总是随着自动控制理论、电力电子技术及计算机技术的发展而不断更新。本课程在论述中涉及"自动控制理论""电力电子技术""微机原理及应用"等课程内容时,均认为相关内容已讲授,故不重复。只有当认为相关基础未提及或必须着重说明时才做补充,目的在于阐明有关装置的原理及工作。

由于微机型自动装置在电力系统中已广泛应用,因此,在介绍各型自动装置时,应介绍相应的数字化技术。同时,因微机监测技术是各种数字化自动装置的共同基础,故将加以介绍。

由于电压与频率是电能质量的两个重要指标,故在讲授的各种自动装置中,对励磁控制系统及调频系统将做较深入介绍。

### 0.4.2 教材安排

本教材分 6 章讲授相关内容。

第 1 章 微机监控系统基础知识:本章阐述电力系统中微机型自动装置的典型结构及数据采集与处理的基本原理应有的基础知识。

第 2 章 同步发电机的自动并列:运行中的发电机组间的并列操作是一项重要操作,故自动并列装置是一种重要的自动操作装置。本章介绍并列理论及典型装置工作原理。

第 3 章 同步发电机自动励磁调节系统:励磁系统的自动控制不仅是保持机组电压水平的手段,而且该系统是机组间合理分配无功功率、保持电力系统稳定运行的重要控制系统。本章较详细地介绍了典型控制装置的工作原理、无功功率分配原理及辅助控制功能之后,阐述这一系统的静、动态特性及对电力系统稳定的影响与电力系统稳定器基本概念。

第 4 章 电力系统频率及有功功率的自动调节:这是电力系统中又一重要自动控制系统。因为电力系统对频率要求的特殊性,以及机组间有功功率合理分配及方法和系统的经济运行的实现均构建于该系统之上,故本章主要讲述频率的静态特性及频率调节的几种方法。之后,介绍自动发电控制原理与联合电力系统调频及经济调度的概念。

第 5 章 介绍以按频率减负荷自动装置为主要内容的几种安全自动控制装置。

第 6 章 电力系统调度自动化的监控技术及配电网:调度自动化及配电网自动化均是涉及面极宽的自动化系统,目前多以选修课形式介绍这两大系统。限于学时,本教材不能对这两个系统做详细介绍,但作为电力系统自动化的完整概念,本章对这两个系统作出扼要介绍。主要介绍 SCADA 基本工作原理、配电网自动化的基本功能及配电网中的几种重要自动化系统的概念。

有关 FACTS 技术应用及智能型自动装置,以及直流输电涉及的问题,限于学时安排,不做介绍。

# 第1章
# 微机监控系统基础知识

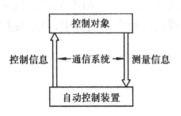

图 1.1  典型自动控制装置工作示意图

电力系统中任一自动装置的工作,均可用图 1.1 来表述其工作模式。图中的自动控制装置,如绪论介绍,可以是自动操作装置,或是一个自动控制系统中的自动控制器,或者就是专门的数据采集和监控系统。不论哪种装置或系统,当以微机监控技术来实现时,其系统结构均大同小异,且均有数据采集与处理功能。本章就微机监控系统的典型结构及数据采集与处理原理进行介绍。

## 1.1  微机监控系统的组成

由于当今应用于微机监控系统的模块与组成的不同,可将微机监控系统分成微型机测控系统、单片机测控单元、工控机测控系统、基于数字信号处理器测控单元等多种型式。习惯上均称为微机监控系统。由于这种系统内部均以离散数字信号实现信息传递,故常称为数字式监控系统。以下先对其硬件组成系统进行介绍,之后,对软件功能作出说明。

下面以微型机系统为例阐述其硬件结构,然后对其他型式的系统作出相应的特点说明。

### 1.1.1  微型计算机系统

系统的硬件组成如图 1.2 所示。整个系统由 CPU、存储器、定时器、监视器、输入/输出通道、传感器或变送器以及其他各种外设(外部设备)组成。

(1) CPU

CPU 是微机系统自动工作的核心,它是集成在一片大规模集成电路上的运算器和控制器的总成。

CPU 的运算器由一个或多个累加器 AC 与算术逻辑部件 ALU 和一些专门的寄存器组成。可快速进行算术与逻辑加减运算,从而实现各种操作运算。

作为监控系统应用的微机系统,广泛应用汇编语言编制的指令系统,存储在 ROM(或

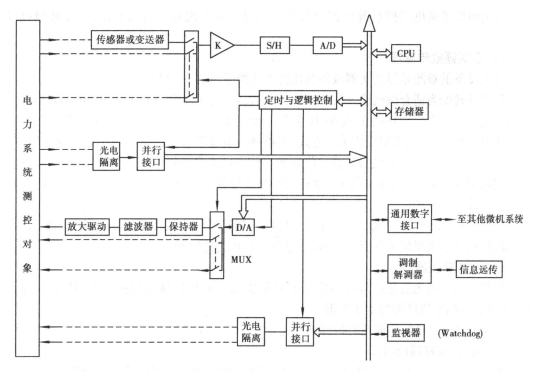

图 1.2　微机监控系统典型硬件系统结构框图

EPROM)中,不同指令给出不同的操作。需要运算的数据按顺序存放于 RAM 存储器的数据地址中。CPU 通过读取 ROM 中的指令,并对指令译码后,产生不同的指令周期、定时信号及控制信号。这些信号被送到定时及控制部件,对 CPU 内部提供控制信号,对 CPU 外设提供外部控制信号,或接收外设送来的请求信号或响应信号。以上控制的含义包括了对数据的运算及处理。

（2）**存储器**

存储器存储指令、程序、数据及中间运算结果,设备的状态也以数据方式存储。

存储器包括只读存储器(ROM)、紫外线擦除可编程只读存储器(EPROM)、电擦除可编程只读存储器(EEPROM)及随机存储器(RAM)。近年又有非易失性随机存储器(NVRAM)等新型存储器。存储器容量大小和访问时间直接影响整个微机系统的性能。

（3）**定时器/计数器**

在监控系统中,它是十分重要的部件。微机系统是在规定时刻工作,它还向外设提供触发采样信号,引起中断采样。在图 1.2 中,定时与逻辑控制即该部件功能的体现。该部件还是将频率变换为数字信号的关键部件。

（4）**监视器**

监视器即看门狗(Watchdog)。自动装置的工作环境有多种干扰,尤其是在电力系统中,多存在电磁场干扰。当装置受到干扰后,可能导致微机系统运行程序出轨,从而使装置工作瘫痪,为此设置监视器,对微机系统工作进行监视,防止装置受干扰而不能工作。

当微机系统按程序正常运行时,监视器处于监视状态。当运行程序失控时,监视器输出一复位脉冲,使微机系统自动复位,重新开始执行程序。

以上组成了微机监控系统的控制与管理部分。为实现对设备的监控,系统必须有以下部件。

**(5)变送器或传感器**

受控设备的被测量经变送器或传感器送入监控系统的 A/D 转换输入端。

将电量转变为适合微机输入的部件称为变送器。变送器输出应与所使用的微机监控系统要求的输入相符合。如 0~5 V 或 0~10 V 等。变送器输出为直流量的,称为模拟变送器或直流变送器。当今,往往采用交流采样方式,则被测的电流量或电压量均经小型电流互感器(或电抗变压器)与小型电压互感器,直接将被测量转换成适合微机输入的交流电压量(峰—峰值在给定范围内,如−2.5~2.5 V 等)。这样的小型互感器称为交流变送器。此时,功率量、相角量是通过计算得到的。

将非电量(如压力、温度、流量、水位、转速等)转换成与之成比例的弱电量或电参数,再放大或转换成适合微机输入的直流电压量,这种装置称为传感器。

**(6)A/D 转换器**

将模拟量转换为数字信号的部件为 A/D 转换器。A/D 转换模拟量为数字量的精度及速率,是评价数据采集性能的主要依据。

关于 A/D 转换器,后面还要做详细阐述。

**(7)采样/保持器(S/H)**

A/D 转换需要一定的时间,在此时间内,应保持被转换的模拟信号为不变值,以确保模拟量转换的数字量为单值对应关系。S/H 电路能达到这一要求。

图 1.3 为 S/H 原理性电路图。图中的 $A_1$ 为一高增益运算放大器,$A_2$ 为运算放大器,$C$ 为保持电容器,S 为模拟开关。

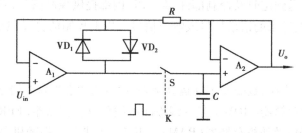

图 1.3 采样/保持器原理性电路图

设进行采样前,$C$ 未充电;进行采样时,控制信号 K 使 S 合上,输入信号 $U_{in}$ 经 $A_1$ 对 $C$ 快速充电,使 $C$ 上电压迅速达到输入电平值。同时,K 使 S 断开,由于运算放大器 $A_2$ 输入阻抗很大,理想情况下,$C$ 在整个采样过程中保持其接于 $A_2$ 端口的电平不变。因而 S/H 的输出 $U_o$(即 A/D 转换器的输入)保持不变。

以上,要维持 $U_o$ 不变的条件是 $C$ 足够大,$A_2$ 输入阻抗足够高。电容 $C$ 应根据用户需要来确定,$C$ 较大时,响应时间也随之加大,故在满足要求条件下,$C$ 尽可能地小。

图中 $VD_1$,$VD_2$ 为箝位电路。$A_2$ 对 $A_1$ 的反馈使电路工作平衡。S/H 电路除电容 $C$ 外,其他部分是集成在一芯片内的。

在只有一个 S/H 电路元件的条件下,只当保持电容 $C$ 在放电过程结束后,才能再次启动对新的 $U_{in}$ 采样。

（8）**模拟多路开关**（Multiplexer，MUX）

在实际的数据采样中，输入模拟量是多路的。在满足采样速率要求下，为节省硬件，往往只用一个 A/D 转换器（S/H 往往也只用一个），如图 1.2 所示。此时，应使用多路开关与 A/D 配合，分时轮流切换各被测量与 A/D 接通。故 MUX 是数据采集中常用到的一个部件。

MUX 通常为 8 选 1 型式，即一片 MUX 可接入 8 个待测输入量，在定时器控制下，规定时刻只有一路输入量被接通。当输入量大于 8 路时，则要多片 MUX，每片均有一个片选信号；只有当被选中的 MUX 片中的各路开关在该片相应通道的选通脉冲到来时，对应输入回路才被接通。当今已有 16 选 1 型 MUX 片。

（9）**模拟量输出通道**

模拟量输出通道由 D/A 转换器与 MUX 组成。

当只有一路模拟量输出时，装置输出的一组数字信号经 D/A 转换成模拟量，经保持器保持并经过低通滤波器后作为输出。

当装置要输出多个模拟量时，每一组数字信号在规定时刻经过 D/A 转换成模拟量，经 MUX 的一路开关输出。由于多组数字量是以串联定时方式经 D/A 转换，故此时 MUX 的工作方式为单入多出方式。

对比于模拟量输入，模拟量的输出工作量模式恰好与输入方式是对偶的。

（10）**并口 I/O 通道及串口 SIO 通道**

装置需要的若干开关量（状态量）或输出的开关量（状态量）均用并行 I/O 接口接入或输出，而数字量的输入及输出则用 SIO。

（11）**通信接口**

当装置需要与外部联系通信时，通过通信接口发收信息。

（12）**其他**

CPU 的其他外设及人机对话接口、电源。

### 1.1.2　其他型式的微机监控系统

如前所述，有多种微机监控系统。不论哪种系统，其基本硬件组成均与 1.1.1 节所述相同，只是系统的部件芯片结构、内部联系方式及监控模式等有所不同。以下仅就它们的特点作出说明。

（1）**基于单片机的测控单元**

单片机是专为实时监控而设计并制造的。其 CPU 比通用的 CPU 简单，因而更可靠，适合面向实时过程，且对输入、输出处理能力强，而对于事件管理能力则较弱。

当今用于电力系统的单片机多为具有高速控制功能的 16 位单片机。当晶振用 12 MHz 时，其 A/D 转换时间只为 22 ms，测量开关量的分辨率可达 2 ms。生产厂家或科研单位往往利用单片机开发专用的监控系统，而无须多考虑其通用性。

（2）**基于工控机的监控系统**

工业控制机的基本组件与 1.1.1 节所述相同。它们的差别在于工控机是专为适应工业监测与控制要求设计的。它取消了微型机系统的大主板，改成通用的总线插座系统。各个功能部件均组成标准化集成模块插件，通过内部总线拼装，如图 1.4 所示。整个系统易于扩展，且整体系统对抗干扰能力采取了更好的措施。

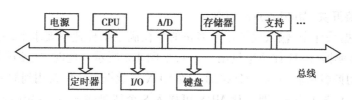

图 1.4　工控机监控系统框图

图 1.4 中的"支持"表示对系统的支持外设,可能是后备电池或监视器或通信接口等。

工控机系统的内部总成均采用国际标准总线,如工业控制标准总线 STD 即为常用的一种内部总线,近年还有多种新的总线。在工控机系统中,各功能模块之间信息的传递均经过标准总线实现。这种结构的优点是通用性和互换性强,产品易升级换代。因为装置是针对工业监控,故系统的输入输出功能、实时性、可靠性及环境适应性均作了相应考虑,并有丰富的应用软件。

**(3)基于数字信号处理器(DSP)的测控单元**

数字信号处理器是一种经过优化后,用于处理实时信号的微控制器。它具有高运算速度、高可靠性、低功耗、低成本的特点,更突出的是,在 CPU 指令中直接提供数字信号处理的相关算法。DSP 的主要特点是:

①一般的 CPU 在一个机器周期中,只能依次进行存取指令或存取数据。而 DSP 的 CPU 则可在一个机器周期中存取指令和数据,更高级的 DSP 的 CPU 甚至可以一次性完成一条指令和两个数据的传输,大大提高了运算速度。

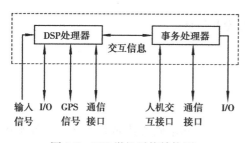

图 1.5　DSP 微机系统结构图

②DSP 能做到取指令与执行指令操作重叠进行,具有更快速的中断执行时间。

③DSP 具有能直接支持硬件乘法器的运算指令及若干特殊的、灵活的寻址方式,使用多种专用寄存器。

④经过简化电路设计,DSP 避免了复杂的内存接口,减少内存访问,外围电路的复杂程度也减少了;DSP 还可灵活地构成并行处理系统。

当今,若干微机保护装置均由 DSP 技术实现。图 1.5 为典型的 DSP 结构图。DSP 处理器承担实时数据的采集及实现装置功能,而人机接口、网络通信、历史数据追忆、监控管理等则由另一处理器管理。

**1.1.3　集散控制系统**(Distributed Control System,DCS)

集散控制系统是一个群控系统。DCS 系统也称为分布式控制系统。相对于 DCS 系统,前面所述系统或测控单元可称为直接数字控制系统(DDC)。发电厂的综合自动化系统、变电站的综合自动化系统均可视为一个 DCS 系统。

图 1.6 表示一个 DCS 系统。整个系统有一个管理级的上位机(工作站)。上位机进行整个系统的数据集中管理、监视及协调系统内各下位机,即各 DDC 的工作。图中每一个 DDC 系统即是一个独立工作的测控系统(或单元,常称为子站)。各 DDC 完成不同的监控功能。DDC

又与管理级工作站进行必要的信息交换,或者通过工作站取得需要的某一 DDC 系统的信息。

DCS 系统是计算机技术与网络通信技术结合的成果。

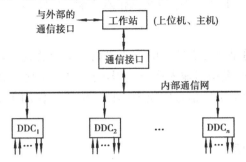

图 1.6　集散控制系统结构框图

从 20 世纪 80 年代开始,由于计算机技术与通信技术的发展及工业本身的需要,在 DCS 系统型式上又发展了现场总线系统。现场总线是适用于工业控制的一种全分散、双向互联多点站的通信系统,可靠性高、稳定性好、抗干扰能力强、通信速率快。对于大规模的群控系统可以采用这种模式。现场总线设置的主节点上是系统的管理机,各节点可对应于一个 DCS 系统的工作站或直接就是 DDC 单元。此时,DDC 的工作站往往由称为路由器的通信环节代替。路由器起到转换路径、中继、数据交换功能。现场总线有多种型式,不论哪种现场总线,所构成的系统均是一个全分布式的开放系统。

### 1.1.4　软件功能说明

整个微机监控系统的硬件系统的工作,在系统软件及功能软件支持下进行。作为监控系统的主要功能软件有:

**(1)信号采集与处理程序**

实现模拟量、数字量、状态量的采集,模拟量的变换、滤波、标度变换、计算、存储等功能。

**(2)运行参数设置**

设定采样通道、采样点数、采样周期、量程范围及其他运行中应设定的数据、规定等。

**(3)系统管理程序**

系统管理程序即监控主流程程序。将各功能模块组成一个程序,并管理和调用各功能模块及管理各种数据文件。

**(4)通信程序**

通信程序此处指在 DCS 这一类系统或较复杂的 DDC 系统中,子站之间、子站与主站之间或主站对上级管理的信息传递及规约设定等。具体程序不再说明。

本章以下各节介绍微机监控功能中最基本的功能、工作原理或实现过程,它们也是各种功能软件实现的依据。

## 1.2 模拟量输入/输出通道

模拟量输入/输出通道是测控装置中的重要电路。整个装置的动作速度与测量精度性能都与该电路密切相关。整个模拟量输入通道过程包括采样、量化、编码等诸多环节。而控制功能的实现,往往要将计算机的数字信号转换为模拟量输出去作用于执行环节。这由模拟量输出通道来完成以上功能。

### 1.2.1 采样及采样定理

模拟量经 A/D 转换后,变换成数字量。此处,模拟量为变送器或传感器的输出,且已经变换为符合 A/D 输入要求的电压范围。以下只介绍交流采样。

A/D 芯片要求的输入电压为 ±2.5 V 或 ±5 V,当今,有 ±10 V 范围的。该电压经多路开关及采样/保持器后,进入 A/D 完成采样、量化、编码过程。采样过程如图 1.7 所示。

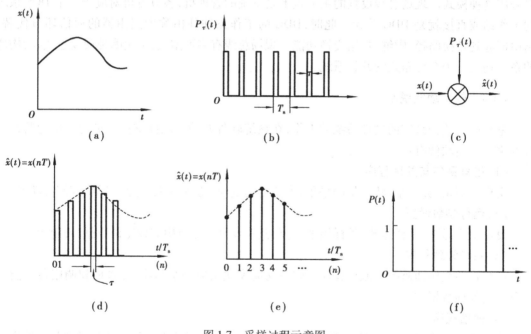

图 1.7 采样过程示意图

**(1)采样**

1)实际采样过程

对连续时间信号 $x(t)$ 用一个周期为 $T_s$、脉冲持续时间为 $\tau$ 的采样脉冲信号 $P_\tau(t)$ 处理(相乘),得到离散时间信号 $\hat{x}(t) = x(nT)$,此即实际采样过程。显然有

$$\hat{x}(t) = x(nT) = P_\tau(t)x(t)$$

$T_s$ 即采样周期。被采样后所得信号 $x(nT)$ 在每一个采样周期中的持续时间为 $\tau$。

2）理想采样过程

因 $\tau \ll T_s$，故可用理想采样表明采样过程。此时，用 $P(t)$ 来近似 $P_\tau(t)$。$P(t) = \sum\limits_{n=-\infty}^{\infty} \delta(t - nT)$，故有

$$x(nT) = x(t)\sum_{n=-\infty}^{\infty} \delta(t - nT) = \sum x(nT)\delta(t - nT) \qquad (1.1)$$

此时，$T = T_s$。

**（2）采样定理**

在采样过程中，$T_s = 1/f_s$ 必须满足采样定理。只有当所取 $T_s$ 符合采样定理时，离散的 $x(nT)$ 才不会丢失 $x(t)$ 的信息，即 $x(nT)$ 恢复成模拟信号时不失真。这是模拟信号经采样变换成数字信号必须遵循的重要定理。

关于采样定理，可利用图 1.8 所示频谱图进行说明。对应该图作说明如下（以理想采样过程说明）：

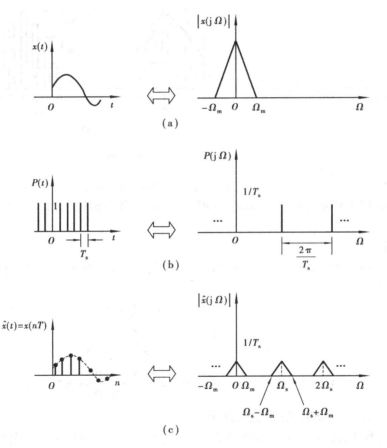

图 1.8　采样信号及其频谱图

$x(t)$ 的傅里叶变换为 $F[x(t)] = x(j\Omega) = \int_{-\infty}^{\infty} x(t)\mathrm{e}^{-j\Omega t}\mathrm{d}t$。图中 $|x(j\Omega)|$ 为 $x(t)$ 的幅值谱。谱中 $\Omega_m$ 为 $x(t)$ 含有的最高截止角频率。同理，$P(t)$ 的傅里叶变换后的幅值谱为 $P(j\Omega)$，是频率 $\Omega$ 的离散周期函数。$P(j\Omega)$ 有值时，其幅值为 $1/T_s$（即 $P(t)$ 幅值的 $1/T_s$ 倍），$T_s$ 为采样周

13

期。而 $x(t)$ 被采样后，$\hat{x}(t)$ 的幅值谱为 $\hat{X}(j\Omega)$，在 $\Omega$ 域中是一周期连续函数。由图可见，当 $\Omega_s = \dfrac{2\pi}{T_s} \geq 2\Omega_m$ 时，取 $\hat{X}(j\Omega)$ 一个频率周期值，并乘上 $T_s$ 后，则可不失真地还原为 $x(t)$。若 $\Omega_s < 2\Omega_m$，则 $\hat{X}(j\Omega)$ 的周期波形将在各周期高频部分混叠，则取一个频域周期量还原时，还原的 $x(t)$ 在高频部分将失真。故有采样定理：最高截止频率为 $\Omega_m < \infty$ 的连续信号 $x(t)$，如果采样角频率为 $\Omega_s \geq 2\Omega_m$，则采样信号 $\hat{x}(t)$ 通过增益为 $T_s$，截止频率为 $\Omega_s/2$ 的理想低通滤波器，可以唯一地恢复出原信号 $x(t)$。

严格的数学证明见《数字信号处理》一书。

### 1.2.2 量化与编码

整个 A/D 转换过程如前所述，包含了采样、量化与编码过程，可用图1.9（a）来说明。

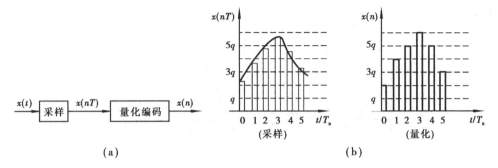

图 1.9　量化与编码过程示意图

经过采样的信号 $\hat{x}(t) = x(nT)$ 是一个时间离散、幅值连续的信号。而计算机里处理的数据是时间与幅值均为离散的数字信号，故 $x(nT)$ 还需经量化与编码，完成 $x(nT)$ 转成数字信号 $x(n)$ 的过程。

**（1）量化**

用 $N$ 位长的二进制来表示 $x(nT)$ 的幅值，以最接近 $x(nT)$ 的 $N$ 位长二进制数来表示该离散序列，即为量化。可用图1.9（b）来说明。

量化是以量化单位来表述的，即 $x(nT)$ 用多少个量化单位来表述。量化单位

$$q = \frac{\text{量化器满量程值 } U_{\text{FSR}}}{N \text{ 位二进制数能表示的最大值 } 2^N} \tag{1.2}$$

**例 1.1**　设 $N = 10$，模拟量满量程为 10 V，则 $q = \dfrac{10\text{ V}}{2^{10}} = \dfrac{10}{1\ 024} = 9.77(\text{mV/位})$，这实为 $N$ 位长二进制数的最低位（LSB）所能表示的模拟量值。

在量化过程中，$x(nT)$ 不是恰好为整数个（见图1.9）。当 $x(nT)$ 最后量余留部分大于 $q/2$ 时，则进一个 $q$ 值；当余留部分小于 $q/2$ 时，则舍去。显然，$q/2$ 即为最大量化误差。对于 $N$ 位长二进制数，$q/2$ 值即为二进制 $\pm\dfrac{1}{2}$LSB 值。

**（2）编码**

量化后的数字信号用某种码制表示，即为编码。若是二进制编码，则其量化与编码同时

完成。

### 1.2.3 A/D 转换原理

实现采样、量化与编码的 A/D 转换过程有多种型式,如逐次比较逼近式、双斜率积分式、并行 A/D 转换式等。双斜率积分式的精度高,抗干扰能力强,但转换速度慢;并行 A/D 转换的速度快,但价格高。目前,逐次逼近式速度、精度、价格等均满足多数测控要求。以下只以逐次逼近式来说明 A/D 转换。

图 1.10 为逐次逼近式 ADC 原理性电路示意图。其主要组成部件为 D/A 转换器,逐次逼近寄存器 SAR,时序与控制逻辑、比较器等。

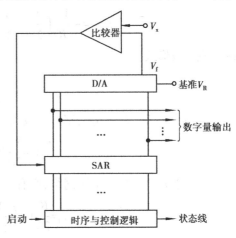

图 1.10 逐次逼近 A/D 转换器工作原理示意图

**(1)D/A 转换**

在逐次逼近式 ADC 中,要应用到 D/A 转换器。

D/A 转换电路型式较多,此处以常见的 T 形电阻解码网络构成的 D/A 转换器来加以说明。图 1.11 表示一个 3 位二进制数转换为模拟量的 T 形解码网络型 D/A 转换器原理性电路示意图。

图 1.11 中,$D_0 \sim D_2$ 为数字信号由低位到高位

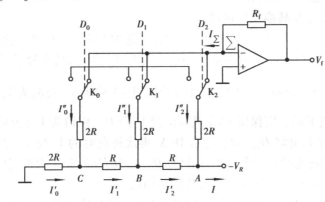

图 1.11 T 形解码网络型 D/A 转换器原理性电路示意图

的输出。$D_0 \sim D_2$ 为"1"时,受控开关 $K_0 \sim K_2$ 接通右侧;$D_0 \sim D_2$ 为"0"时,则接通左侧。

运算放大器为负极性输入。$\sum$ 点为虚地,即 $U_{\sum} \approx 0$。

当 $D_2 = D_1 = D_0 = 1$ 时,$K_0$,$K_1$,$K_2$ 均投向右侧,显然有

$$I_0' = I_0'' = I_0$$

$$I_1' = I_1'' = I_1$$

$$I_2' = I_2'' = I_2$$

并且

$$I_1 = I_0' + I_0'' = 2I_0$$

$$I_2 = 2I_1$$

$$I = 2I_2 = 4I_1 = 8I_0$$

$$I_{\sum} = I_0 + I_1 + I_2 = \left( \frac{1}{8} + \frac{1}{4} + \frac{1}{2} \right) I$$

$A$ 点对地等效电阻为 $R$,则

$$I = -\frac{V_R}{R}$$

$$I_{\sum} = -\frac{V_R}{R}\left( \frac{1}{2^3} + \frac{1}{2^2} + \frac{1}{2} \right) = -\frac{V_R}{2R}\left( \frac{1}{2^2} + \frac{1}{2^1} + \frac{1}{2^0} \right)$$

或写成一般形式

$$I_{\sum} = -\frac{V_R}{2R}\left( \frac{A_0}{2^2} + \frac{A_1}{2^1} + \frac{A_2}{2^0} \right) \tag{1.3}$$

$A_i$ 对应于 $D_i$,为 1 或 0,则运算放大器的输出

$$V_f = \frac{V_R}{2R}R_f\left( \frac{A_0}{2^2} + \frac{A_1}{2^1} + \frac{A_2}{2^0} \right)$$

对应于 $n$ 位二进制电阻网络,则有

$$V_f = \frac{R_f}{2R}V_R\left( \frac{A_0}{2^{n-1}} + \frac{A_1}{2^{n-2}} + \cdots + A_{n-1} \right) \tag{1.4}$$

$V_f$ 是连续的,正比于输入的数字信号的模拟量,而 $V_R$ 为稳定的基准电压。关于 D/A 的进一步说明,在模拟量输出一节再介绍。

**(2)逐次逼近式 A/D 转换工作过程**

逐次逼近式的寄存器与其 D/A 均为 $N$ 位长(二进制数长)。在进行转换开始时,逐次逼近寄存器 SAR 清零。之后,使 SAR 最高位($D_{n-1}$)置 1($A_{n-1}=1$),其他为零(以上均由时序与控制逻辑部件控制,以下工作顺序均如此)。该数据经 D/A 输出 $V_f$(此时为 $V_f = \frac{R_f}{2R}V_R$)。$V_f$ 与输入信号 $V_x$ 作比较,当 $V_f<V_x$,则保留 SAR 最高位置 1(即 $D_{n-1}$ 保留为 1);否则清除,即令 $D_{n-1}=0$。然后,令次高位置 1,并将 $D_{n-1}$,$D_{n-2}$ 送入 D/A,再次使此时的 $V_f$ 与 $V_x$ 比较并判断,以确定第二位是 1 或 0。如此连续,直到 SAR 最低位($D_0$)比较完毕,SAR 中保留的二进制数即为转换后最接近 $V_x$ 的数字量,经时序控制信号作用后输出。

SAR 位数 $N$ 越长,数字量逼近模拟量的精度越高,但在确定的转换节拍下,$N$ 越长,转换时间也越长。

逐次逼近式 A/D 的技术参数包括分辨率、绝对精度、相对精度、转换时间、电源灵敏度、工作温度量程等。具体含义不再做进一步介绍。

目前,还有基于电压-频率变换(VFC)方式的 A/D 转换器,且已得到较多应用。此法是将需转换的模拟量先变换成对应的转换电压 $U$,将 $U$ 线性地变换为数字脉冲频率量 $f$,然后在固定时间内用计数器对脉冲数进行计数,并读入。这一计数即为转换后的数字量。对于 VFC,不再做进一步介绍。

### 1.2.4 模拟量输出通道

微机监控系统对采集的数据进行运算、处理后,将作为控制用的数字量经模拟量输出通道转换为模拟量。当有多个模拟量输出时,要用多路模拟开关,串行地给出输出信号。输出通道

由输出接口 D/A 转换器、多路开关、保持器、滤波器及驱动放大电路组成。图 1.2 中相关部分已给出常见的输出通道形式(接口部分未画出),还可能有其他形式的通道组成,但组成部件均相同。

下面介绍通道中几个主要组成部分的工作。

**(1)D/A 转换及保持器**

D/A 转换是模拟量输出通道的核心部件,D/A 转换经保持器保持,实现数字量转换为模拟量的过程。

1)电阻网络型 D/A 与保持器实现数模转换的工作原理

电阻网络型 D/A 转换是将数字量转换为时间仍然离散的模拟量,其工作原理在逐次逼近式 A/D 转换中已作出说明。

保持器的作用在于将时间离散的模拟量转换成连续模拟量。保持器有两类:零阶保持器和一阶保持器。常用的是零阶保持器。图 1.12示出了 D/A 转换与零阶保持器配合,输出模拟量 $x'(t)$ 的过程。

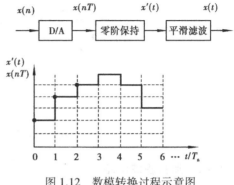

图 1.12　数模转换过程示意图

零阶保持器的单位冲激响应函数为 $h(t)=u(t)-u(t-1)$,其传递函数为 $H(s)=\dfrac{1}{s}(1-e^{-T_s})$。由于 $h(t)$ 的作用,使相邻两采样间隔时间$(iT_s \sim (i+1)T_s)$内的输出量为前一时刻$(iT_s)$的延续值,从而形成了连续模拟量。图 1.12 中的 $x'(t)$ 对应于图 1.9 中量化后的 D/A 转换值。

关于一阶保持器不再作介绍。

2)其他类型的 D/A 转换简介

①基于电阻网络的 D/A 可以构成双极性模拟量输出通道。此时,数字量是带有符号位的二进制码,输出可得出对应的正负值模拟量。

②当今,有一类 D/A 转换是应用脉宽调制(PWM)技术来实现的。此法是将数字量变换成幅值相等,幅宽不等的电压脉冲。脉宽 $\tau$ 与输入的数字量成正比。将此脉宽不同的电压波经整流滤波,则得到连续模拟量。该模拟量与数字量成正比。

D/A 的技术参数与 A/D 类似。

**(2)平滑滤波器的作用**

经过零阶保持器或一阶保持器输出的模拟量 $x'(t)$ 都是非平滑信号,即其中含有大量谐波成分,故实际上在保持器之后,均加上一低通滤波器平滑输出信号。滤波器的通带截止频率应根据实际信号类别来确定。

## 1.3　开关量输入/输出通道

监控装置中,有若干开关量输入,且有一定数量的开关量输出。此外,还有数字量的输入、输出。下面介绍开关量的输入与输出通道。

图 1.2 中已画出开关量输入、输出部分框图。图 1.13 较完整地画出了开关量输入电路结构框图。电路由消抖滤波电路、隔离电路、控制逻辑电路、驱动电路、地址译码电路等部分组成。开关量输出电路与输入基本相似。

开关量均以成组方式并行输入或输出。一组常为一个字节,即 8 位,也有为双字节或多字节并行成组的。电力系统中,断路器或隔离开关或需监测的开关,以其辅助接点作为开关量的输入信号。开关量的工作状态以 0,1 表示。

以下介绍图 1.13 中几个主要环节的工作。

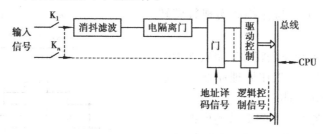

图 1.13　开关量输入电路结构框图

### 1.3.1　消抖滤波电路

当输入开关量信号时,因干扰或其他原因,可能会使接点抖动或给出的状态信号不稳定而发生错误,故应设置消抖滤波电路消除噪声。消抖电路的基本原理是在输入信号路径上加一积分电路,只当输入信号达到规定门槛值并经积分延时,才以稳定的状态作为输入,送到下一个环节。

### 1.3.2　电隔离门

现场开关量所处的是电压较高的环境,而计算机系统是低压系统,故应加电隔离,以免高压串入计算机而使之受损。加电隔离还可限制地回路电流因地线可能的错接而带来的干扰。在每个回路都加隔离还可避开多个输入电路的影响。当今的电隔离方法有继电器隔离与光电隔离两种。

（1）继电器隔离

现场设备的辅助接点作为开关量要输入计算机时,通过辅助继电器实现隔离,其原理接线如图 1.14(a)所示。S 为现场设备(如断路器等)的辅助接点。KA 为中间辅助继电器,S′的接点通过与计算机配合的弱电电源 $U_e$ 接入计算机回路,实现电隔离。

（2）光电隔离

光电隔离的原理接线如图 1.14(b)所示。当现场设备辅助接点动作时,发光二极管导通,产生光束,使光敏三极管饱和导通。图 1.14 所示为射极输出器方式,射极有输出电平 $U_0$。根据要求不同,输出也可接成集电极输出方式。

光电隔离方式中,光为信息传递介质,并使输入、输出的电信号隔离,效果好。目前多采用这一隔离方式。

开关量输出回路也有电隔离门。

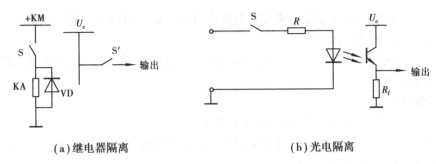

（a）继电器隔离　　　　　　　　　（b）光电隔离

图 1.14　电隔离电路原理

### 1.3.3　地址译码与驱动控制的说明

监控装置中,输入开关量(信号源)均引入总线,输出开关量(视为负载)均由总线引出。此时,因接入 I/O 为多组,以及总线工作方式、驱动方式等问题必须解决。

①总线在任一时刻只能对一个信号源或一个负载传送信号,故挂接于总线上的信号源与负载应是电隔离的,且要用地址译码信号来选定信号源或负载。

②接于总线的信号源或负载应有足够的驱动能力,这由信号源和负载接入缓冲器/驱动器来保证。

③接于总线上的寄存器不仅可能呈现为工作状态(0 或 1),还要求呈现第 3 种状态,即不工作状态,也即非 0、非 1 状态。虽连接于总线,但对总线不起作用。目前,用三态门构成的缓冲寄存器满足上述要求。三态门的第三态为高阻抗状态,故对总线不起作用。

具体电路原理不再做介绍。对于数字量,其输入输出数据均采用串行方式传输。具体通道也不再介绍。

# 1.4　干扰及其抑制

监控系统与信号源、控制对象间均有一定距离,加之电力系统中,无论发电厂、变电站均为强电磁场干扰环境,各种干扰噪声将通过电磁、静电感应和不正确接地方式导致对模拟量输入(甚至开关量输入)、输出通道产生干扰。此外,信号源本身就常含有不希望的噪声干扰(如不希望的谐波),因此,监控系统必须有正确的抗干扰措施。

干扰信号可按其作用方式,分为常模干扰和共模干扰两种,分述于后。

### 1.4.1　常模干扰及其抑制

#### （1）常模干扰的形式及干扰源

常模干扰也称为常态干扰或串模干扰,是在有用信号上叠加了干扰噪声信号。图 1.15 示出了信号(设为一交流信号)受干扰(设为谐波)后

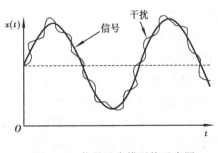

图 1.15　信号及常模干扰示意图

的波形畸变。干扰噪声也可能是直流或其他随机形式。显然,如不抑制干扰,则监控系统输入信号不能正确反映真实输入。

常模干扰可能就在信号源内,也可能就是引线上受到电磁耦合或辐射或漏电耦合而产生,在工作现场很难避免。

**(2)抑制方法**

①信号源输入端串入输入滤波器,滤除高频干扰。

②对于弱信号,应采用屏蔽线,并使强弱信号线分开布线,减少电磁干扰;信号线采用双绞线,以抵消同一电磁干扰源的干扰。

③加必要的用程序实现的数字滤波(下一节专门介绍)。

④设计合理的接地系统。

合理的接地主要是抑制下面所述的共模干扰。当不合理接地时,则可能会加大常模干扰。

### 1.4.2 共模干扰及抑制

**(1)共模干扰形式**

由于被测信号端距数字采集端总有一定距离,被测信号源地线与数字采集端地线(也称

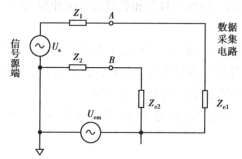

图1.16 共模干扰形成原理说明图

仪器地)之间存在一定电位差(可以是直流或交流信号),这是一个干扰信号,即为共模干扰。若信号源的信号为 $U_s$,是单端对地方式对数字端输入,则共模干扰信号 $U_{cm}$ 串接于信号 $U_s$,即数字端接收到的信号是 $U_s+U_{cm}$,形成常模干扰。若 $U_s$ 对数字端是双端输入方式,则 $U_{cm}$ 是同时、同相、等量作用于双端输入回路。图1.16是相应的等值电路图。图中,$Z_1$,$Z_2$ 为信号源到数据采集端口 $AB$ 呈现出的内阻(包括两条连线阻

抗),$Z_{c1}$,$Z_{c2}$ 为信号输入设备在输入端呈现的输入阻抗,由此可求出在 $U_{cm}$ 作用下的等效常模干扰为 $U_{nm}$。实际上,有 $Z_{c1} \approx Z_{c2} \approx Z_c$,且 $Z_c \gg Z_1$,$Z_c \gg Z_2$,可以求出由于共模干扰导致的等效常模干扰 $\dot{U}_{nm} \approx \dfrac{Z_2 - Z_1}{Z_c} \dot{U}_{cm}$。

**(2)抑制方法**

由上述分析可见,要减小 $U_{nm}$ 的方法是:减少 $U_{cm}$,加大 $Z_c$,尽量使电路平衡对称,即减小 $Z_2 - Z_1$。具体有:

①有正确的接地方式,使 $U_{cm}$ 减少。当数字电路有多个数字地时,应先将所有数字地连接成一接地系统后再与模拟地相连。

②模拟系统的转换电路(如放大器)尽量用对称电路。

③用隔离技术将地电位隔离。

④模拟电路系统采用双层浮地屏蔽保护。即信号源输入转换器的信号线用屏蔽线引入。屏蔽线的外层与转换器的内屏蔽层连在一块,构成并不直接接地的内屏蔽层,然后再与装置的外壳(外屏蔽)连接。这可使 $U_{cm}$ 及其作用减至最小。

## 1.5 数字滤波

监控装置即使采取硬件滤波或其他方法减小干扰,但仍有若干干扰包含在信号源中,这往往要用数字滤波方式来滤除。可以认为,数字滤波是指输入输出均为数字信号,通过一定运算关系改变输入信号所含频率成分的相对比例或滤除某些频率成分的运算。其器件为数字滤波器。下面介绍数字监控系统中常用的数字滤波方法。

### 1.5.1 常用的数字滤波方法

#### (1)递推平均滤波

这一方法适用于干扰是对称性的系统,对随机性起伏干扰的滤波效果好。

滤波方法:对需要滤波的变量(如流量、温度等对应的传感器输出)$x(t)$连续采样 $n$ 次,取其平均值

$$y(k) = \frac{1}{n} \sum_{i=0}^{n-1} x(k-i) \tag{1.5}$$

($y(k)$、$x(k-i)$的严格意义表示式应为$y(kT_s)$、$x[(k-i)T_s]$,现省去 $T_s$,下同)上式是均值滤波。$n$ 的取值大小对滤波效果有影响,$n$ 越大,平均效果越好,但对参数变化的反应不敏感;$n$ 越小,则滤波效果不显著,故要根据实际情况合理取 $n$。

上述平均滤波按以下方法,可改为递推平均滤波。

$$
\begin{aligned}
y(k) &= \frac{1}{n} \sum_{i=0}^{n-1} x(k-i) \\
&= \frac{1}{n} \left[ \sum_{i=1}^{n} x(k-i) + x(k) - x(k-n) \right] \\
&= \frac{1}{n} \sum_{i=1}^{n} x(k-i) + \frac{1}{n} [x(k) - x(k-n)] \\
&= y(k-1) + \frac{1}{n} [x(k) - x(k-n)]
\end{aligned}
\tag{1.6}
$$

因为$y(k)$是当前时刻滤波器输出,故$y(k-1)$为前一时刻滤波器输出。而$x(k-n)$为第 $n$ 时刻,即当前的采样值。显然,已知$y(k-1)$及取样$x(k-n)$,就可推出第 $n$ 时刻的输出。故式(1.6)为递推算法,且$y(k)$与$[x(k)-x(k-n)]$相关,故称为一阶递推算法。

式(1.6)表明,第 $n$ 时刻的输出只受$\frac{1}{n}x(k-n)$的影响,更为一般地,一阶递推算法可表示为

$$y(k) = y(k-1) + Q[x(k) - x(k-n)] \quad (0 < Q < 1) \tag{1.6'}$$

$Q$ 大表示当前采样值对当前输出影响大,反之则小。这应视现场所处环境来确定 $Q$ 值大小。

#### (2)中位值法

中位值法是一种很简单的滤波方式。对被滤波量每一次滤波计算是以连续采样 3 次的值进行比较,取中值作为有效采样值。此法对消除脉冲干扰较有效。其原因是,一个真实的被测量受脉冲干扰后,只能出现比真值大或小的受干扰值,不可能居中。只当两次干扰同方向时,才可能出现干扰值被采入计算机。此法只适用于变化慢的参量,如温度、水位等。

21

### (3) 惯性滤波

惯性滤波可分为一阶惯性滤波与二阶惯性滤波。常用的是一阶惯性滤波。以下只介绍一阶惯性滤波。

一阶惯性滤波的滤波器可用一阶惯性环节来说明,故其传递函数为

$$G(s) = \frac{1}{1 + T_s}$$

上式对应的微分方程为

$$T \frac{\mathrm{d}y(t)}{\mathrm{d}t} + y(t) = x(t)$$

对应的差分方程为

$$\frac{T}{T_s} [y(k+1) - y(k)] + y(k) = x(k)$$

式中  $T_s$——采样周期。

令 $T_s/T = \beta$,则有

$$y(k+1) = (1 - \beta)y(k) + \beta x(k)$$

或
$$y(k) = (1 - \beta)y(k-1) + \beta x(k-1) \tag{1.7}$$

一阶惯性滤波器的 $T$ 可由试验确定,只要使记录的被测信号不出现明显的波纹即可。

将一阶惯性滤波与一阶递推算法比较,可以看出,两种滤波方式本质是相同的。

一阶惯性滤波实质是一低通滤波器,对滤除高频干扰效果好。

其他滤波方法此处不再作介绍。

### 1.5.2  电信号的滤波方法

此处所指是被测信号为电压或电流的信号,而不是指非电量经传感器变成的电信号。此类滤波主要是滤除特定谐波或选取特定波形,故可认为是频率滤波。在电力系统监控及微机保护中常用到。

### (1) 离散傅里叶变换

对于一个含有谐波的电量,已知可写成傅里叶级数表示式:

$$x(t) = \sum_{k=0}^{\infty} [b_k \cos k\omega_1 t + a_k \sin k\omega_1 t] = \sum_{k=0}^{\infty} c_k \mathrm{e}^{jk\omega_1 t} \tag{1.8}$$

式中  $x(t)$——被分析处理的电压或电流;

$\omega_1$——基波频率。

$$\begin{cases} a_k = \dfrac{2}{T} \displaystyle\int_T x(t) \sin k\omega_1 t \, \mathrm{d}t \\[2mm] b_k = \dfrac{2}{T} \displaystyle\int_T x(t) \cos k\omega_1 t \mathrm{d}t \\[2mm] c_k = \dfrac{1}{2}(b_k - ja_k) \end{cases} \tag{1.9}$$

式中  $k$——谐波次数。

令 $k = 1$,则得出基波分量,类推可求出其他分量。

在计算机中,被采样数据只能是在有限时间内进行,故得到的数字只能为有限长( $N$ 个),可以对上面的 $x(t)$ 对应的数字序列 $x(n)$ 推导出离散傅里叶变换关系如下:

$$\begin{cases} X(k) = \sum_{n=0}^{N-1} x(n) e^{-j \frac{2\pi}{N} nk} & (k = 0, 1, \cdots, N-1) \\ x(n) = \dfrac{1}{N} \sum_{k=0}^{N-1} x(k) e^{j \frac{2\pi}{N} nk} & (n = 0, 1, \cdots, N-1) \end{cases} \quad (1.10)$$

式中　$n$——离散时间的采样次数；

　　　$k$——离散频率次数。

$X(k)$即相当于连续函数$x(t)$的$C_k$的离散谱。在上面离散傅里叶变换对中，令$k=1$还原的$x(n)$即为其基频分量时间域离散值；$X(1)$即为基频频谱。类推可得到谐波值。当只输出基波值时，表明其他分量被过滤。

**（2）应用差分方程表示的滤除谐波算法**

滤除谐波（包括基波）的差分方程可写为

$$y(k) = x(k) + x(k-n)$$

上式可写成

$$y(t) = x(t) + x(t-\tau) \quad (1.11)$$

其频率特性为

$$Y(\omega) = X(\omega) + e^{-j\omega\tau} X(\omega) = (1 + e^{-j\omega\tau}) X(\omega)$$

所以　　　$$G(\omega) = y(\omega)/X(\omega) = 1 + e^{-j\omega\tau} = (1 + \cos\omega\tau) - j\sin\omega\tau \quad (1.12)$$

有幅频特性

$$|G(\omega)| = \sqrt{(1 + \cos\omega\tau)^2 + \sin^2\omega\tau} = 2\left|\cos\frac{\omega\tau}{2}\right| \quad (1.13)$$

显然，要想滤除某一谐波，可使$\dfrac{\omega\tau}{2} = \dfrac{\pi}{2}$，即$\omega\tau = \pi$。例如，要消除工频

$$f = 50 \text{ Hz}$$

则　　　　　　　$$\tau = \frac{\pi}{\omega} = \frac{1}{2 \times 50 \text{ Hz}} = 0.01 \text{ s} = 10 \text{ ms}$$

设采样周期　　　　　　　$$T_s = 5 \text{ ms}$$

则差分方程应为

$$y(kT_s) = x(kT_s) + x[(k-i)T_s]$$

则　　　　　　　$$iT_s = 10 \text{ ms}$$
$$i = 2$$

简写差分方程为

$$y(k) = x(k) + x(k-2) \quad (T_s = 5 \text{ ms})$$

即按$T_s = 5$ ms采集$x(k)$，并按上式进行相加，则输出$y(k)$中，基波量为零。

又如，要求消除5次谐波，则应有

$$\tau = \frac{1}{2 \times 250 \text{ Hz}} = 0.002 \text{ s} = 2 \text{ ms}$$

$$iT_s = 2 \text{ ms}$$

$$i = 2$$

此时, $T_s = 1$ ms, 则消去 5 次谐波的差分方程为

$$y(k) = x(k) + x(k-2) \quad (T_s = 1 \text{ ms})$$

# 1.6 数据预处理

一个被检测的模拟量经 A/D 转换、数字滤波后, 还须经过数据预处理, 才能送入中间寄存器供实际应用。通常, 数据预处理指标度变换(乘系数)、极性变换等运算。也有将数字滤波环节纳入预处理的。以下介绍标度变换及极性变换。

### 1.6.1 标度变换(乘系数)

进入 A/D 转换的信号, 是量程在规定范围内的电平信号。A/D 转换电路确定后, 则任一被测量均应转换到该数据对应的数字量。例如, 设 A/D 的分辨率为 8 位, 量程为 $0 \sim 5$ V, 并假设有电压为 10 kV 及电流为 100 A 的两个被测量分别经 TV 变比为 10/0.1, TA 变比为 100/5, 再经小互感器转换后, 进入 A/D 转换时, 均为 5 V, A/D 转换后, 均得相同数字量 FFH(设不考虑符号位)。故计算机不能辨知被测量的物理含义及大小。标度变换的作用在于被测量经 A/D 转换后乘一系数, 把被测量还原为原来的数值, 该系数称为变换系数, 显然有

$$\text{变换系数 } S = \frac{\text{模拟量满量程值}}{\text{满量程对应数字值}} \tag{1.14}$$

实际采集的数字量设为 $D$, 则 $S \cdot D$ 即为数字量表示的原模拟量。例如上述电压、电流, 有

$$S_V = \frac{10 \text{ kV}}{256} = 39.062\ 5 \text{ V/LSB}$$

$$S_I = \frac{100 \text{ A}}{256} = 0.390\ 625 \text{ A/LSB}$$

当采用相对误差概念处理数据时, 有时可不作标度变换。

### 1.6.2 极性处理

若 A/D 转换是单极性的, 设输入模拟量是双极性的, 则输入时, 要加一偏置量, 使输入变为单极性量。经 A/D 转换后, 应去除偏置量, 使极性还原。

更多的处理是在 A/D 转换的输出通道上。因为有许多受控对象的执行机构是双极性的(正反向控制), 此时, 单极性的输出数字量应变成双极性量(可用偏移二进制码表示)再经双极性 D/A 转换, 完成极性处理。

# 1.7 交流采样的电量计算

交流采样得到的是被采电量(电流或电压)的一序列离散瞬时值。若要由所得采样值求取基频分量、有效值及有功功率、无功功率, 应通过计算求得。

### 1.7.1　电压、电流的计算

**(1)基波或谐波分量的取得**

基波分量、谐波分量的求取可由 1.1~1.5 节给出的离散傅里叶变换式求取。在该节,给出的是以指数形式表示的周期信号值。可以由 $e^{jk\omega_1 t} = \cos k\omega_1 t + j \sin k\omega_1 t$ 关系求得三角函数表示的周期信号的实部与虚部。计及电量周期信号的分量系数 $a_k, b_k$ 求取式的特点,此时有

实部
$$X_R(k) = \frac{2}{N} \sum_{n=0}^{N-1} x(n) \cos \frac{2\pi}{N} nk \quad (k = 0, 1, \cdots, N-1)$$

虚部
$$X_I(k) = -\frac{2}{N} \sum_{n=0}^{N-1} x(n) \sin \frac{2\pi}{N} nk \quad (n = 0, 1, \cdots, N-1) \tag{1.15}$$

$k = 1$ 时即为基波分量:

$$X_R(1) = X_R = \frac{2}{N} \left[ x(0) + \sum_{n=1}^{N-1} \cos \frac{2\pi}{N} n \right]$$

$$X_I(1) = X_I = -\frac{2}{N} \sum_{n=1}^{N-1} x(n) \sin \frac{2\pi}{N} n$$

还可求出对应相角

$$\theta = \arctan\left(\frac{X_I}{X_R}\right)$$

幅值
$$X_m = \sqrt{X_R^2 + X_I^2}$$

同样,可求得 $k = i$ 时的第 $i$ 次谐波值。

**(2)有效值的求取**

设在一个基波周期对该周期性信号采样 $N$ 点,则电流、电压有效值分别为:

$$\begin{cases} I = \sqrt{\dfrac{1}{T} \displaystyle\int_T i^2(t)\, \mathrm{d}t} \approx \sqrt{\dfrac{1}{N} \displaystyle\sum_{n=0}^{N-1} i^2(n)} \\[4mm] U = \sqrt{\dfrac{1}{N} \displaystyle\int_T u^2(t)\, \mathrm{d}t} \approx \sqrt{\dfrac{1}{N} \displaystyle\sum_{n=0}^{N-1} u^2(n)} \end{cases} \tag{1.16}$$

式中　$i(n), u(n)$——第 $n$ 点电流、电压采样值;

　　　$N$——应在考虑到需计及的最高次谐波后,满足采样定理要求。

### 1.7.2　有功功率及无功功率的计算

①若对 $i(n), u(n)$ 的采样是相电流、相电压值,则有功功率仍按平均瞬时功率的概念,由单相有功功率

$$P_A = \frac{1}{N} \sum_{n=0}^{N-1} u_A(n) i_A(n) \tag{1.17}$$

可类推出 $P_B, P_C$。

三相视在功率 $S = 3U_p I_p$(其中,$U_p, I_p$ 为相电压、相电流有效值),则三相无功功率

$$Q = \sqrt{S^2 - P^2} \tag{1.18}$$

②利用周期性信号的傅里叶级数系数 $a_k, b_k$ 求功率。由 1.7 节的讨论,可得基波的余弦、正弦系数为

$$a_1 = X_I$$

$$b_1 = X_R$$

幅值 
$$X_{\mathrm{m}} = \sqrt{a_1^2 + b_1^2}$$

有效值 
$$x = \frac{X_{\mathrm{m}}}{\sqrt{2}}$$

于是,基波电流

$$i_1(t) = a_1 \sin \omega_1 t + b_1 \cos \omega_1 t = \sqrt{2} I_1 \sin(\omega_1 t + \theta_{i1})$$

基波电压

$$u_1(t) = \sqrt{2} U_1 \sin(\omega_1 t + \theta_{u1})$$

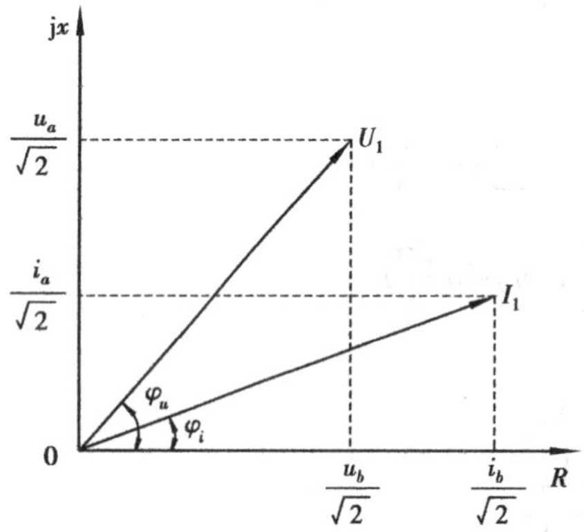

基波有功功率则为(见图 1.17)

$$
\begin{aligned}
P &= U_1 I_1 \cos \varphi \\
&= U_1 I_1 \cos (\varphi_u - \varphi_i) \\
&= U_1 I_1 (\cos \varphi_u \cos \varphi_i + \sin \varphi_u \sin \varphi_i) \\
&= U_1 \cos \varphi_u I_1 \cos \varphi_i + U_1 \sin \varphi_u I_1 \sin \varphi_i \\
&= \frac{1}{2}(u_b i_b + u_a i_a) \qquad (1.19)
\end{aligned}
$$

同样,无功功率

$$Q = U_1 I_1 \sin \varphi = \frac{1}{2}(u_a i_b - u_b i_a)$$

图 1.17　用傅里叶级数系数求基波电流电压的相量图

$$\tag{1.20}$$

$$\varphi = \arccos \frac{P}{UI} \qquad (1.21)$$

关于谐波功率、序分量,不再做介绍。

关于测控装置中的控制算法,本章不做介绍,在具体的监控系统中再进行说明。

# 复习思考题

1.1　当有多个模拟量需要测量时,微机监测输入环节应怎样组成?

1.2　当有多个开关量需要输入到微机监控系统时,其接口电路应怎样构成?

1.3　为何模拟量进行 A/D 转换时要遵循采样定理?

1.4　A/D 采样过程为何要求有采样/保持器?

1.5　D/A 输出为何要有保持器及平滑滤波器?

1.6　开关量输入输出接口为何要加电隔离门?

1.7　为何微机监控系统要加设数字滤波软件?

1.8　有哪些常用的数字滤波方法?

1.9　何谓数据预处理?有哪些内容?

1.10　设 A/D 转换结果用 10 位二进制数表示。现有电压互感器变比为 35/0.1。设被测量为 34 kV,问:

(1)标度变换系数为多少?

(2)34 kV 对应的数字量为多少?

# 第**2**章
# 同步发电机的自动并列

## 2.1 概 述

### 2.1.1 并列的定义及并列操作的重要性

电力系统中的发电机组均为并联运行。故发电机组投入或退出电网的操作将随系统运行情况的变化需要而时有发生,这既是经常性的,又是十分重要的操作。在系统正常运行时,随着负荷的增加,要求备用发电机组迅速投入电力系统,以满足用户需要;在系统发生事故时,会失去部分电源,要求备用机组快速投入电力系统以制止频率下降,或者电力系统解列成两部分后要恢复并列,这一切都要进行并列操作,或称同步操作。操作的目的在于将发电机组或系统的一部分安全可靠并准确快速地投入系统,参加并列运行。

实践证明,在发电机并列瞬间,往往伴随有冲击电流和冲击功率。这些冲击,将引起系统电压瞬间下降,如果并列操作不当,冲击电压过大,还可能引起机组大轴发生机械损伤,或者引起机组绕组电气损伤。为了避免并列操作不当而影响电力系统的安全运行,发电机的同期并列应满足下列两个基本要求:

①发电机投入瞬间冲击电流应尽可能小,其最大值及冲击力矩不应超过允许值;

②发电机组并入系统后,应尽可能快地进入同步运行状态。

### 2.1.2 并列的方式

并列的方式有两种,即准同期并列和自同期并列。

(1)准同期并列

准同期是待并机组并列前,转子先加励磁电流,并调整到使发电机电压与系统电压相等;同时调整发电机转速使发电机频率与系统频率相等。当上述两个条件满足时,在相位重合前一定时刻发出合闸脉冲,合上发电机与系统之间的并列断路器,这种并列称为准同期并列。

采用准同期并列的优点是:在正常情况下,并列时产生的冲击电流比较小,对系统和待并发电机均不会产生什么危害,因而在电力系统中得到广泛应用。

准同期并列的缺点是:因同期时需调整待并发电机的电压和频率,使之与系统电压、频率接近。这就要花费一定时间,使并列时间加长,不利于系统发生事故出现功率缺额时及时、快速地投入备用容量。

**(2)自同期并列**

自同期并列是待并发电机并列时,转子先不加励磁,调整待并发电机的转速,当转速接近同步转速时(正常情况下频差允许为2%~3%,事故情况下可达10%),首先合上机端断路器,接着立刻合上励磁开关,给转子加励磁电流,在发电机电势逐渐增长的过程中由系统将发电机拉入同步运行。

自同期最大的优点是投入迅速,操作简单。当系统发生事故时要求备用机组迅速投入时,采用这种并列方式比较有效。它的缺点是并列过程出现较大的冲击电流,对发电机不利。此外,自同期初期,待并发电机不加励磁,它将从系统吸收无功功率,从而导致系统电压突然降低,影响供电质量。因此,对自同期的应用规定了较为严格的限制条件。

应用自同期并列方式将发电机投入系统时,因为发电机不加励磁,这相当于系统经过很小的发电机纵轴次暂态电抗 $X_d''$ 而短路,所以合闸时的冲击电流较大,这会引起系统电压的短时下降。自同期合闸时最大冲击电流的周期分量 $I_{i \cdot cy}$ 可由下式求得:

$$I_{i \cdot cy} = \frac{U}{X_d'' + X} \qquad (2.1)$$

式中   $X_d''$——发电机纵轴次暂态电抗;

   $X$——系统电抗;

   $U$——系统电压。

发电机母线电压 $U_g$ 为

$$U_g = \frac{U X_d''}{X_d'' + X} \qquad (2.2)$$

可以看出,自同期合闸时的最大冲击电流必然小于发电机出口三相短路时的电流,一般来说,发电机应该经受得起这一冲击电流。但由于这种并列操作是经常进行的,为了避免由于多次使用自同期产生的积累效应而造成绝缘缺陷,所以应对自同期的使用作一定的限制。因此在正常运行情况下,同步发电机应采用准同期方式并列。小型水轮发电机可以采用自同期方式,但实际已比较少用。在系统故障情况下,水轮发电机可以采用自同期方式。

本章只阐述准同期并列原理及装置。


## 2.2   准同期并列原理


### 2.2.1   准同期并列的条件

采用准同期并列的条件为:

①待并发电机和系统相序相同;

②待并发电机和系统频率相同;

③待并发电机电压和并列点的系统侧电压相等;

④待并发电机电压和并列点的系统侧电压相位角相等。

必须满足相序条件才允许进行并列操作。对于已运行的发电机组,是已经过核相的,故是满足条件的。当电压、相位角、频率不满足要求时,必然产生冲击电流,可能达到不允许值,频差过大还可能使并列不成功。下面分析这 3 个条件。

如图 2.1(a)所示,G 为待并发电机,其直轴次暂态电抗为 $X_d''$,系统用等值发电机 $G_s$ 表示,$X_L$ 为它们之间的联系电抗。设发电机的空载电势等于端电压 $U_g$,系统侧电压为 $U$,并列点断路器为 DL。图 2.1(b)为其等值电路。

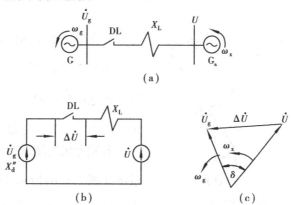

图 2.1　发电机并列示意图

若发电机的角频率为 $\omega_g$,系统电压的角频率为 $\omega_x$。当发电机电压与系统电压存在相角差 $\delta$ 时,电压相量图如图 2.1(c)所示。

显然,在 DL 两端存在电压差 $\Delta U$,由电压三角形不难看出:

$$\Delta U = \sqrt{U_g^2 + U^2 - 2U_g U \cos \omega_s t} \tag{2.3}$$

式中　$\omega_s = \omega_g - \omega_x$——滑差角频率。

当 $\delta = \omega_s t, U_g = U$ 时,

$$\Delta U = 2U \sin \frac{\delta}{2} \tag{2.4}$$

实际进行并列操作时,可能有以下偏差及其影响(为突出问题讨论,在分析一种偏差时,设其他条件不存在偏差)。

**(1)存在电压幅值差**

若并列时,发电机角频率 $\omega_g$ 等于系统角频率 $\omega_x$;发电机电压与系统电压相位相等,即相角差 $\delta = 0$;电压幅值不等,即 $U_g \neq U$。这时有相量图如图 2.2 所示。

由相量图可看出,断路器 DL 闭合瞬间,在电压差 $\Delta U$ 的作用下,会产生冲击电流 $I_{su}$:

$$I_{su} = \frac{U - U_g}{X_L + X_d''} = \frac{\Delta U}{X_L + X_d''} \tag{2.5}$$

由于发电机与系统之间的阻抗是感性的,所以当 $U_g < U$ 时,$I_{su}$ 滞后于 $\Delta U 90°$,如图 2.2(a)所示。该电流对待并发电机来说是呈容性的,即起助磁作用;对系统中已运行的发电机而

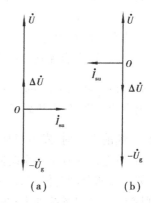

图 2.2　电压不等时的相量图

言是感性的。当 $U_g > U$ 时,矢量图如图 2.2(b)所示。此时冲击电流 $I_{su}$ 对待并发电机起去磁作用,能促使发电机电压下降以趋于系统电压。

通过上述分析可看出,当 $U_g \neq U$ 时,会产生冲击电流 $I_{su}$,该电流属于无功电流。$I_{su}$ 过大,将引起发电机定子绕组发热以及由之产生的电动力,使绕组端部受到损伤。因此必须限制冲击电流 $I_{su}$。

**（2）存在相角差**

若并列时,电压幅值相等,即 $U_g = U$;频率相等,即 $f_g = f_x$;但相位差 $\delta_0 \neq 0$。此时相量关系如图 2.3 所示。

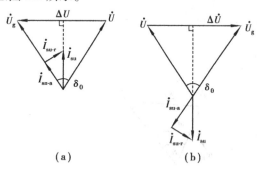

（a）　　　　　　　　（b）

图 2.3　相位不等时的相量图

若发电机电压相位超前系统电压 $\delta_0$,则相量图如图 2.3(a)所示。冲击电流 $\dot{I}_{su}$ 分解为与发电机电压 $\dot{U}_g$ 同向的有功分量 $\dot{I}_{su \cdot a}$,发电机送出有功功率。另一分量 $\dot{I}_{su \cdot r}$ 则为无功分量。

若发电机电压相位滞后系统电压 $\delta_0$,则矢量图如图 2.3(b)所示,冲击电流 $\dot{I}_{su}$ 的有功分量 $\dot{I}_{su \cdot a}$ 和发电机电压 $\dot{U}_g$ 反向,发电机吸收有功功率。

并列时,发电机送出有功功率,意味着发电机突然加上制动转矩;发电机吸收有功功率,意味着发电机突然得到加速转矩。这些突加的转矩,不管是制动的还是加速的,都将使机组大轴受到突然应力,使发电机产生抖动或机械损伤。

此外,从相量图还可看出,在并列时 $\delta_0$ 不大,故无功分量 $i_{su \cdot r}$ 较小。

**（3）存在频率差**

若并列时电压幅值相等,即 $U_g = U$,但频率不等,即 $f_g \neq f_x$ 或 $\omega_g \neq \omega_x$。参见图 2.1(c),即使某一瞬间 $\delta_0 = 0$,由于频率不等,发电机电压矢量 $\dot{U}_g$ 将相对系统电压矢量 $\dot{U}$ 以 $\omega_s = \omega_g - \omega_x$ 的相对角速度旋转。相角差 $\delta_0 = \omega_s t$ 随着时间增长作周期性变化。在断路器 DL 动、静触头两侧出现的电压差 $\Delta \dot{U}$ 也随着 $\delta$ 的变化成为一个脉动电压 $\dot{U}_s$(即 $\Delta \dot{U} = \dot{U}_s$),见图 2.4。若在 $\dot{U}_s \neq 0$ 时合上断路器,则将有一冲击电流 $i_s$ 作用于发电机。该电流将使刚投入系统的发电机带上过多的正有功功率或负有功功率,使发电机轴产生振动。当 $\delta$ 较小时,认为 $i_s$ 只为有功性质;当 $\delta$ 较大时,认为 $i_s$ 还含有无功性质电流分量。

如果在 $f_g > f_x$(即 $\omega_g > \omega_x$)时并列,发电机电压向量 $\dot{U}_g$ 超前于系统电压 $\dot{U}$。此时发电机向系统送出有功功率,发电机转子受到制动力矩作用而使 $\omega_g$ 减小。若 $\omega_g$ 减小到满足 $\omega_g < \omega_x$,则 $\omega_s$ 为负;$\dot{U}$ 超前于 $\dot{U}_g$ 时,发电机从系统吸收有功功率,转子又受到加速力矩作用。转子经过几次摆动后,发电机才真正与系统同步。

如果并列合闸时仍有 $\omega_g > \omega_x$,但 $\omega_s$ 较大。在发电机受制动力矩时,若只使 $\omega_s$ 减小而不变号,则 $\delta = \omega_s t$ 可以继续加大;在 $180° < \delta < 360°$ 时,发电机输出功率变为负值,即从系统吸收有功功率,机组更加加速,从而使发电机失步。

从上述分析可看出,同期并列时若不满足同期的 3 个条件,就会产生程度不同的危害。因此同期并列必须满足同期的 3 个条件。

一般将 $\omega_g = \omega_x$,$U_g = U$,$\delta_0 = 0$ 这 3 个条件称为并列的理想条件。满足理想条件,就可保证并列时冲击电流为零。事实上,并列时完全满足上述条件是困难的。实践证明,若

电压差 $\quad \Delta U\% = \dfrac{U_g - U}{U} \times 100\% \leqslant \pm(5 \sim 10)\%$

频率差 $\quad S = \dfrac{\omega_g - \omega_x}{\omega_x} \times 100\% \leqslant \pm(0.2 \sim 0.5)\%$

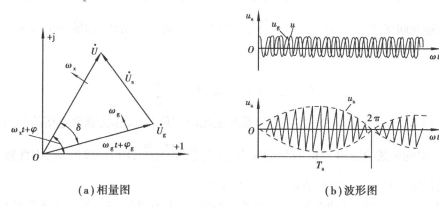

(a)相量图           (b)波形图

图 2.4 脉动电压

相角差 $\quad \delta = \varphi_g - \varphi = \omega_g t - \omega_x t = \pm 10°$

(式中 $\varphi_g$,$\varphi$ 分别为待并机和系统电压的相位)则并列时造成的不良影响是允许的。上述 3 个条件称为并列的实际条件。

下面以手动准同期来说明并列过程。

同期并列时,调整待并发电机的电压和频率,使之与系统电压和频率基本相等。在相位差到达零之前某一时间,发出合闸信号,使并列断路器合闸,从而完成并列。电压及频率的调整以及发合闸命令均由运行人员来完成。

为了顺利完成手动准同期操作,减小冲击,一般电厂内装有同步仪表,用来检测 $\Delta U$,$\omega_s$ 和 $\delta$。当 $\Delta U$,$\omega_s$ 及 $\delta$ 在符合要求的范围内才能操作。人工操作不仅耗时,且难以避免大的冲击。

### 2.2.2 脉动电压的分析及恒定越前相位与恒定越前时间的概念

#### (1)脉动电压的分析

若能找到一个包含同步 3 条件信息的电量,则可以此作为实现准同期条件的依据,而从并列点的断路器 DL 两侧取得的脉动电压 $U_s$ 即满足这一条件。$U_s$ 又称整步电压,这实际就是式(2.3)的 $\Delta U$。对 $U_s$ 讨论如下:

设图 2.1(a)中待并发电机电压的瞬间值为

$$u_g = U_{gm} \sin \omega_g t$$

系统侧电压的瞬间值为

$$u = U_m \sin \omega_x t$$

式中 $\quad U_{gm}$,$U_m$ ——$u_g$,$u$ 的幅值。

将 $u_s = u_g - u = U_{gm}\sin\omega_g t - U_m\sin\omega_x t$ 称为脉动电压。若 $U_{gm} = U_m$，此即为只有频率偏差时的情况。$U_s$ 的相量与波形如图 2.4 所示，并有

$$u_s = U_m\sin\omega_g t - U_m\sin\omega_x t = 2U_m\sin\frac{\omega_g - \omega_x}{2}t\cos\frac{\omega_g + \omega_x}{2}t \tag{2.6}$$

以 $\omega_s = \omega_g - \omega_x$ 代入式(2.6)中得

$$u_s = 2U_m\sin\frac{\omega_s}{2}t\cos\frac{\omega_g + \omega_x}{2}t \tag{2.7}$$

因为并列时已将待并机频率调整得与系统频率接近，因此，上式中 $\omega_s$ 很小，对应式(2.7)中的正弦项随时间变化缓慢，它是频率为 $\frac{\omega_g + \omega_x}{2}$ 的波形振幅的包络线，即脉动电压 $u_s$ 的幅值，用 $U_s$ 表示：

$$U_s = 2U_m\sin\frac{\omega_s}{2}t = 2U_m\sin\frac{\delta}{2} \tag{2.8}$$

式中　$\delta = \omega_s t = \omega_g t - \omega_x t = \varphi_g - \varphi$——发电机与系统电压的相角差，又称为脉动电压的相角。

式(2.7)中的余弦项说明了 $u_s$ 变化的频率，其频率为 $\frac{\omega_g + \omega_x}{2}$，因 $\omega_g$ 接近 $\omega_x$，因此脉动电压瞬间值的变化频率与待并发电机或系统频率很接近。

由式(2.8)可以看出，脉动电压 $u_s$ 的幅值包络线 $U_s$ 含有准同期并列 3 个条件的信息：电压差、频率差、相位差。为此，将 $U_s$ 整流、滤波后得到 $U_s$，图 2.5 给出了两个不同频率差( $\omega_{s1}$ > $\omega_{s2}$)时的 $U_s$ 波形图。以后，所称脉动电压实为 $u_s$ 的包络线 $U_s$。下面进一步对 $U_s$ 进行分析。

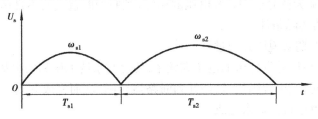

图 2.5　$U_s = U$ 时的波形

1)电压差条件

脉动电压 $U_s$ 的幅值能反映电压差 $\Delta U$。从式(2.8)可看出，当 $U_{gm} = U_m$ 时，在 $\delta = 0$(或 $2\pi$)时，$U_s = 0$(即 $\Delta U = 0$)；从式(2.3)可看出，当 $U_{gm} \neq U_m$ 时，在 $\delta = 0$(或 $2\pi$)时，$U_s$ 尽管不为 0，但值最小。容易看出，$U_s$ 的最小值即为两个电压的差值。在 $\delta = 0$ 时检测 $U_s$ 的大小，若它的值足够小，说明电压差条件满足，反之，电压差不满足要求。

2)频率差条件

因脉动电压 $U_s$ 的滑差角频率 $\omega_s = \omega_g - \omega_x$ 就是频率差，因此，通过对 $\omega_s$ 的检测，就能判别频率差条件是否满足。

脉动电压变化的周期 $T_s = \frac{1}{f} = \frac{2\pi}{\omega_s}$，由于 $T_s$ 与 $\omega_s$ 成反比，因此通过检测 $T_s$ 的大小，同样能说明频率差条件是否满足。

3）相位条件

因 $\delta=\omega_s t=(\omega_g-\omega_s)t=\omega_g t-\omega_x=\varphi_g-\varphi$，它本身就反映了发电机电压相位 $\varphi_g$ 与系统电压相位 $\varphi$ 的相位差。因此，若并列断路器主触头能于两电压相位差角 $\delta=0$ 的时刻闭合，则说明满足相位条件。

**（2）恒定越前相角与恒定越前时间的概念**

考虑到合闸接触器动作直到断路器机构完成合闸，需要一定的时间，因此，并列合闸脉冲应该在两电压相位差角 $\delta=0$ 之前发出。若在 $\delta=0$ 之前某一恒定角度 $\delta_{yq}$ 发出合闸信号，则该同期装置称为恒定越前相角型同期装置，$\delta_{yq}$ 称为恒定越前相角。若在 $\delta=0$ 之前某一恒定时间 $t_{yq}$ 发出合闸信号，则该同期装置称为恒定越前时间型同期装置，$t_{yq}$ 称为恒定越前时间。一般恒定越前时间 $t_{yq}$ 选择得使之等于断路器合闸需要的时间 $t_{DL}$（包括合闸接触器动作时间与操作机构动作时间），这样，从理论上讲，就可做到同期并列时冲击电流最小。正因为这样，恒定越前时间型同期装置目前得到了广泛使用。

由于恒定越前相角 $\delta_{yq}$ 相对应的越前时间 $t=\delta_{yq}/\omega_s$，与 $\omega_s$ 有关，当 $\omega_s$ 较小时，越前时间 $t$ 较大；反之，则 $t$ 较小。由于断路器合闸时间基本恒定，因此这种同期装置从原理上讲就不能保证并列时相位差为零，相应地也就不能使冲击电流为零，故这类同期装置已很少采用。

图 2.6 给出了在不同 $T_s$ 下，恒定越前相角与恒定越前时间方式的对比。图中横坐标对应前者时为 $\delta$，对应后者时为 $t$。

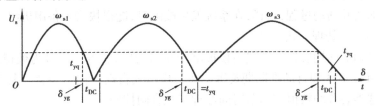

图 2.6　不同 $\omega_s$ 时，恒定越前相角与恒定越前时间对比图

可见，只当 $\omega_s$ 为 $\omega_{s2}$ 时，$\delta_{yq}$ 对应时间恰为 $t_{DL}$，合闸无冲击，否则均有冲击。而取 $t_{yq}=t_{DL}$，不论 $\omega_s$ 大小如何（在允许范围内），均可以做到理论上无冲击。

### 2.2.3　自动准同期装置的组成及分类

**（1）组成**

自动准同期基本构成如图 2.7 所示，装置由分别接于系统及发电机侧的电压互感器 $TV_x$，$TV_g$ 提供系统与发电机的电压（$\dot{U}，\dot{U}_g$）。装置主要部件为以下 3 个单元：①频率差控制单元，自动检测 $\dot{U}$ 与 $\dot{U}_g$ 间 $\omega_s$ 的大小与方向，并发出调节待并发电机转速的控制信号，使频率差减小到规定范围。②电压差控制单元，检测系统与待并发电机的电压差，并给出调节发电机电压的控制信号，使电压差减小到允许值内。③合闸控制单元，在检测 $f_s$，$\Delta U$ 合格后，在 $\delta=0$ 之前一个时刻发出合闸信号，使并列断路器 DL 合闸。DL 主触头闭合时，相角 $\delta$ 应接近于零或在允许值范围内。

**（2）分类**

1）按自动化程度分类

按自动化程度可分为半自动型与全自动型。半自动型装置中无频率差控制与电压差控制

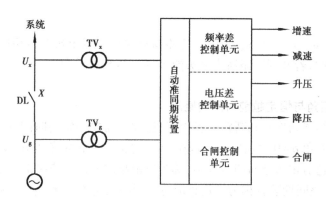

图 2.7　自动准同期基本结构框图

功能,故待并发电机的电压、频率调整由人工进行,合闸控制则自动实现。全自动型则全按图 2.7 所示工作方式进行。

全自动准同期与手动、半自动准同期相比有以下突出优点:

①由于准同期条件能被装置自动监视、限制在允许偏差范围内,这就最大限度地减小了发生误并列的可能性。

②由于并列操作由装置自动来完成,并列操作无须要求操作人员具有十分丰富的经验,一般运行人员比较容易掌握。

③可大大加快并列的过程,这样,在系统发生故障时,能很快投入备用机组。

2)按装置中信号处理方式分类

①模拟式自动准同期装置。装置由模拟电子线路构成,装置内信号为模拟量。目前电力系统中还在应用的 ZZQ 型自动准同期装置均属于模拟式自动准同期装置。其中,ZZQ-5 型为全自动装置。这类装置均按恒定越前时间原理实现合闸控制。

②数字式自动准同期装置。数字式准同期装置即是微机型准同期装置。数字式自动准同期装置均是全自动的。与模拟式装置比较,它具有以下特点:可靠性高,没有误动可能,精度高,能跟踪同期,且在合闸命令发出后还能继续校核合闸相角,以确定命令是否继续或中止,确保完成并网操作时 $\delta$ 小于给定偏差 $\varepsilon$ 值,速度快,能使同期并列操作并入全厂的集散控制系统(DCS)中,成为全厂 DCS 中的一个智能子系统,这就使同期装置能更好地与调频、调压系统协调工作。数字式自动准同期装置还有操作简单、调度方便等优点。

目前国内有多种数字式准同期装置在发电厂中应用。

### 2.2.4　发电厂同期点

在发电厂中,凡是可以进行同期并列操作的断路器,都是发电厂的同期点。通常,发电机的出口断路器、发电机变压器组接线的高压侧断路器都是同期点。母联断路器、旁路断路器都应作为同期点。双绕组变压器常用低压侧断路器作同期点。

同期点的设置应考虑系统、发电厂、变电站在各种运行方式下操作的可行性及灵活方便性。

### 2.2.5　准同期并列参数的计算

采用自动或半自动准同期装置进行并列,在理想情况下,装置的恒定越前时间恰好等于断路器的合闸时间。因此,断路器主触头闭合时相位差 $\delta = 0$,此时冲击电流很小。实际上由于同期装置的越前时间存在一定的偏差,断路器的合闸时间也不是完全不变的,会有偏差。因此合闸时一般相位差 $\delta \neq 0$,产生一定的冲击电流。当滑差比较大时,这些动作时间的偏差所引起的合闸相角差 $\delta$ 也就比较大,如不加限制,在合闸时仍会造成很大的冲击电流。为了在准同期并列时保证冲击电流不超过允许值,应以允许的冲击电流值为依据,计算出允许的合闸误差角及允许的滑差角频率等。

**(1)确定允许合闸误差角 $\delta_{a \cdot e}$**

以最严重情况下产生允许的最大冲击电流 $i''_{s \cdot m}$ 来计算,认为发电机电压与系统电压的幅值近似相等,并取为 $E''_q$,则合闸瞬间冲击电流的瞬时值 $i''_{s \cdot m}$ 为

$$i''_{s \cdot m} = \frac{\sqrt{2} \times 1.8 \times 2E''_q}{X''_q + X_L} \sin \frac{\delta}{2} \qquad (2.9)$$

式中　$E''_q$——发电机和系统等值发电机交轴次暂态电势;

　　　$X''_q$——发电机交轴次暂态电抗;

　　　$X_L$——发电机和系统之间的联系电抗(折算到发电机容量);

　　　$\delta$——合闸时的相角差;

　　　1.8——计算电流非周期分量的冲击系数;

　　　$\sqrt{2}$——计算电流幅值的系数。

准同期并列时的允许冲击电流可根据发电机的实际情况取为额定电流的 1~2 倍,即允许的冲击电流幅值 $i''_{s \cdot m}$ 取为

$$i''_{s \cdot m} = \sqrt{2}(1 \sim 2)I_n \qquad (2.10)$$

式中　$I_n$——发电机的额定电流。

给定允许的冲击电流幅值后,就可按式(2.9)求得允许的合闸误差角:

$$\delta_{a \cdot e} = 2 \arcsin \frac{i''_{s \cdot m}(X''_q + X_L)}{\sqrt{2} \times 1.8 \times 2E''_q} \qquad (2.11)$$

当角度 $\delta_{a \cdot e}$ 很小时,可以近似地认为角度的正弦值就等于该角的弧度值,于是式(2.11)可写成:

$$\delta_{a \cdot e} \approx \frac{i_{s \cdot m}(X''_q + X_L)}{\sqrt{2} \times 1.8 E''_q} \qquad (2.12)$$

**(2)确定允许滑差角频率 $\omega_{s \cdot a}$**

采用恒定越前时间型同期装置进行并列时,同期装置的越前时间应与断路器的合闸时间相等。由于断路器和同期装置的动作时间都有一定偏差,设并列断路器合闸总的动作时间偏差为 $\pm \Delta t_{DL}$(约为断路器合闸动作时间的 15%~20%),同期装置设为模拟式,动作时间偏差为 $\pm \Delta t_{ps}$(约为其动作时间的 10%),则可能造成的最大时间偏差

$$\Delta t = \Delta t_{DL} + \Delta t_{ps} \qquad (2.13)$$

当滑差角频率为 $\omega_s$ 时,由时间偏差造成的误差角为

$$\delta_e = \omega_s \Delta t = \omega_s (\Delta t_{DL} + \Delta t_{ps}) \qquad (2.14)$$

在合闸期间,滑差角频率的变化很小,因此可认为合闸过程中 $\omega_s$ 为常数。

最大误差角不能超过允许的合闸误差 $\delta_{a \cdot e}$。将 $\delta_e = \delta_{a \cdot e}$ 代入式(2.14),即可得滑差角频率的最大允许值

$$\omega_{sm} = \frac{\delta_{a \cdot e}}{\Delta t_{DL} + \Delta t_{ps}} \tag{2.15}$$

只要滑差角频率不超过 $\omega_{sm}$,那么由时间偏差所造成的合闸误差角就不会超过允许值,因而冲击电流也就不会超过允许值。

**例 2.1** 有一台发电机采用自动准同期方式与系统并列,原始数据如下:

①$X_q'' = 0.125$,$X_L = 0.25$;

②$E_q'' = 1.05$(此处按 1.05 计算是考虑并列时电压有可能超过额定电压 5%);

③断路器合闸时间为 0.5 s,它的最大可能误差为 ±20%;

④自动并列装置最大误差时间为 ±0.05 s;

⑤允许冲击电流幅值取为 $i_{s \cdot m}'' = \sqrt{2} I_n$。

试确定最大允许合闸误差角 $\delta_{a \cdot e}$、允许滑差角频率 $\omega_{sm}$ 和相应的脉动电压周期。

**解** (1)确定允许误差角 $\delta_{a \cdot e}$

将有关已知值代入式(2.12)得:

$$\delta_{a \cdot e} = \frac{\sqrt{2} \times (0.125 + 0.25)}{\sqrt{2} \times 1.8 \times 1.05} \text{ rad} = 0.199 \text{ rad} = 11.4°$$

(2)确定允许滑差角频率 $\omega_{sm}$

断路器合闸动作时间偏差为

$$\Delta t_{DL} = 0.5 \text{ s} \times 20\% = 0.1 \text{ s}$$

自动同期装置动作时间偏差为:

$$\Delta t_{ps} = 0.05 \text{ s}$$

将上面的数据代入式(2.15),则得允许滑差角频率:

$$\omega_{sm} = \frac{0.199 \text{ rad}}{0.1 \text{ s} + 0.05 \text{ s}} = 1.33 \text{ rad/s}$$

因滑差频率 $f_s = \dfrac{\omega_s}{2\pi}$,故允许滑差频率 $f_{sm}$ 为

$$f_{sm} = \frac{\omega_{sm}}{2\pi} = \frac{1.33 \text{ rad/s}}{2\pi} = 0.21 \text{ Hz}$$

脉动电压周期 $T_s$ 为

$$T_s = \frac{2\pi}{\omega_{sm}} = \frac{2\pi}{1.33 \text{ rad/s}} = 4.7 \text{ s}$$

为了保证在合闸后发电机能与系统保持同步,在准同期计算中,按理还应包括稳定性校验,即从投入发电机后其转子能保持同步的观点来确定最大允许滑差角频率 $\omega_{xm}'$。但从校验结果看,在通常情况下,按冲击电流条件所得的滑差角频率 $\omega_{sm}$ 小于按稳定条件求得的滑差角频率 $\omega_{xm}'$。因此,一般不再进行该项的校验计算。如果待并列发电机组与系统联系较弱时,可能会出现 $\omega_{xm}' < \omega_{sm}$,则应进行稳定性校验,以确定其允许滑差角频率值。

## 2.3　模拟式自动准同期装置

在电力系统中,目前仍有 ZZQ 型模拟式自动准同期装置在工作,故在此介绍其工作原理。同时,通过对模拟式装置工作原理的讨论,有利于对下一节微机式自动准同期装置工作原理与特点的理解。下面,以 ZZQ-5 型装置为例说明自动准同期工作原理。

### 2.3.1　模拟式自动准同期装置的功能

该装置可自动完成下述功能:

①能自动检查频率差和电压差,鉴别它们是否满足同期条件;

②当待并发电机与系统频率差与电压差大于允许范围时,ZZQ-5 型装置能自动调整发电机的频率与电压值,使之接近系统频率,且电压差满足要求;

③当频率差和电压差满足同期条件时,在两电压矢量重合($\delta = 0$)之前某一给定时间发出合闸脉冲,实现恒定越前时间自动并列。

由于一般大、中型发电机装备有比较完善的自动调压装置,ZZQ 中的 3A 型未设自动调整发电机电压的部分,只有调频部分。

按上述功能,将装置分为合闸部分及调节部分分别介绍。合闸部分实现上述第①、③项功能,调节部分完成第②项功能。

### 2.3.2　合闸控制部分

依照全自动同期装置所完成的功能,它由两大部分组成。其中完成上述 3 个功能中第①、③项功能的部分称为合闸部分;完成第②项功能的部分称为电压差与频率差调整。以下就各部分的组成及其作用进行介绍。

#### (1)合闸部分的组成

合闸部分由下述诸环节构成:

①线性整步电压环节。其作用在于产生能够检查同期条件的脉动电压;

②恒定越前时间环节。其作用在于在脉动电压的每个周期内产生一个与频差大小无关的恒定的越前时间信号。在越前时间信号产生的同时,发出合闸信号。并列点断路器是否应该合闸,检测当时的频率差、电压差是否已满足允许条件。若二者均在允许范围内,则应允许断路器合闸,否则就应对合闸信号闭锁,阻止合闸。为自动完成这一任务,显然合闸部分应设下述两个部分。

a.频差闭锁环节:其作用在于检查频差是否合格。由于与压差环节构成"或非"关系,故不论压差是否合格,只要频差大于允许值,均闭锁合闸出口回路,不发合闸脉冲。

b.压差闭锁环节:其作用在于检查压差是否合格。同样,只要压差大于允许值,闭锁合闸出口回路,不发合闸脉冲。

合闸部分的组成以及各部分作用的逻辑关系可用图 2.8 所示方框图说明。图中 $U_g$,$U$ 分别表示并列断路器两侧引入装置的待并发电机电压和系统电压。

由图 2.8 可见,并列断路器两侧引来的发电机电压 $U_g$ 和系统电压 $U$,经线性整步电压环

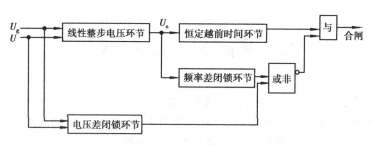

图 2.8 出口合闸回路逻辑方框图

节产生脉动电压 $U_s$。$U_s$ 加在恒定越前时间环节,在 $U_s$ 每一周期内产生一个恒定越前时间信号;频率差闭锁环节鉴别当时 $U_s$ 的角频率 $\omega_s$ 是否在允许范围内;电压差闭锁环节则鉴别当时的电压差是否在允许范围内。频率差闭锁环节与电压差闭锁环节的输出信号构成"或非"关系,即只要两环节中任一个发出闭锁信号,就不允许发合闸脉冲。恒定越前时间环节与频率差、电压差闭锁环节的输出信号由"与"门控制,当频率差闭锁环节和电压差闭锁环节都不发闭锁信号时,恒定越前时间信号将通过"与"门,发出合闸脉冲。

下面介绍合闸控制部分各个环节。

**(2)线性整步电压环节**

由图 2.5 已知,$U_s$ 是一个只有正值,没有负值,按正弦规律变化的脉动电压。可以证明,当以正弦形脉动电压输入到越前时间电路时,所获得的越前时间只有在 $\omega_s$ 较小的条件下才可近似认为恒定。当 $\omega_s$ 较大时,由于越前时间所对应的越前相角较大而引入误差。另外,当 $U_g$ 和 $U$ 不相等时,产生的越前时间信号也会受电压幅值影响而带来误差。因此,利用正弦形脉动电压检查同期的 3 个条件有它自身的缺点。事实上,利用脉动电压检查同期条件,是通过对脉动电压的特征量来反映的。如果引入一个三角波形的线性脉动电压,而这个三角形脉动电压的特征量与正弦形脉动电压一样,显然利用三角形脉动电压来检查同期条件是完全可以的。而此时越前时间与对应电压之间是线性关系,故三角形脉动电压加到越前时间电路所获得的越前时间不存在正弦形脉动电压所导致的误差。三角形脉动电压由线性整步电压环节产生。线性整步电压环节有两种电路:半波形电路与全波形电路。下面只介绍全波形电路环节。

1)全波线性整步电压环节电路及整步电压

全波线性整步电压环节电路如图 2.9(a)所示。图 2.9(b)为其逻辑框图。整个环节由电压变换、整形电路、相敏电路、低通滤波器与射极跟随器组成,各部分电路工作原理简介如下。

①整形电路的作用在于将正弦波电压变换成方波。故有两个完全相同的整形电路。电压互感器 $TV_g$,$TV_x$ 二次侧电压,经变压器 $TB_1$,$TB_2$ 变换为适合整形电路输入的电压 $u_g$,$u$ 加于各自的整形电路输入端。$u_g$ 的整形电路由三极管 $T_1$ 及附属电路组成。$T_1$ 由于二极管 $VD_3$ 提供的正偏置电压,其发射结处于电位平衡状态。当 $u_g$ 在正半周时,$T_1$ 饱和导通,集电极电位 $U_A \approx 0$ V。当 $u_g$ 在负半周时,$T_1$ 截止,$U_A$ 为高电位。于是,$u_g$ 变换成方波 $U_A$。二极管 $VD_1$ 使 $u_g$ 在负半周时形成通路,$VD_2$ 则使 $u_g$ 在正半周时形成通路。

$u$ 的整形电路工作与 $u_g$ 整形相同。$u$ 的对应方波为 $U_B$。$u_g$,$u$ 及 $U_A$,$U_B$ 的波形见图 2.10 (a)、(b)、(c)。

②相敏电路的作用在于其输出的脉冲波宽度反映了 $U_A$,$U_B$ 共同为正电位和负电位时的相角差。

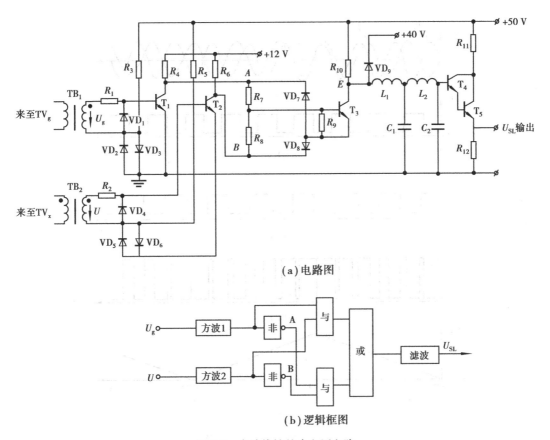

**（a）电路图**

**（b）逻辑框图**

图 2.9　全波线性整步电压电路

电路由三极管 $T_3$ 及 $R_7$，$R_8$，$R_9$，$VD_7$，$VD_8$ 组成。当 $U_A$，$U_B$ 同时为高电位或同时为低电位时，由于 $R_7$，$R_8$，$VD_7$，$VD_8$ 为对称电路，使 $T_3$ 不能获得基极电流而截止，$T_3$ 集电极电位 $U_E$ 为高电位。当 $U_A$，$U_B$ 两者电位为一正一负时，均可使 $T_3$ 获得基极电流而导通，使 $U_E$ 为低电位。相敏电路的逻辑关系见图 2.9（b），而反映 $U_A$，$U_B$ 相位角关系的 $U_E$ 波形如图 2.10（d）所示。

③滤波电路和射极跟随器。这一电路的作用在于将相敏电路输出的宽度与 $U_A$，$U_B$ 相位差有关的脉冲电压 $U_E$ 滤波后，得到与相位差 $\delta_e$ 呈线性的三角波电压 $U_{SL}$。

滤波电路为两节 $L$，$C$ 滤波器，滤除包括基波在内的谐波，平滑的波形经由 $T_4$，$T_5$ 组成的射极输出器，输出电压即为三角波 $U_{SL}$。射极输出器的作用是提高整步电压的负载能力，使 $U_{SL}$ 不受其后面接入环节的影响。$U_{SL}$ 波形如图 2.10（e）所示。

2）全波线性整步电压的特点

由于在 $u_g$，$u$ 的正负半周波均产生一个矩形脉冲，故由此形成的 $U_{SL}$ 称为全波线性整步电压。$U_{SL}$ 有以下特点：

①$U_{SL}$ 不能反映待并发电机电压与系统电压的幅值差 $\Delta U$。

②$U_{SL}$ 能线性地表征待并发电机电压与系统电压的相角差 $\delta_e$，对应图 2.10（e），有

$$\begin{cases} U_{SL} = \dfrac{U_{SL \cdot m}}{\pi}(\pi + \delta_e) & (-\pi \leqslant \delta_e \leqslant 0) \\[3mm] U_{SL} = \dfrac{U_{SL \cdot m}}{\pi}(\pi - \delta_e) & (0 \leqslant \delta_e \leqslant \pi) \end{cases} \tag{2.16}$$

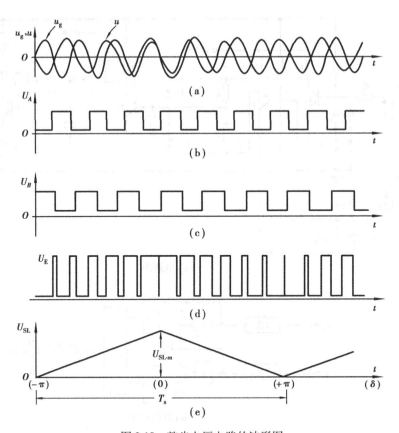

图 2.10　整步电压电路的波形图

式中　$U_{\text{SL}\cdot\text{m}}$——三角波的最大值。

在并列过程中,设待并机经调速后已在稳定转速下运行。系统的频率认为恒定,设讨论时的初始相角为零,则有

$$\delta_{\text{e}} = \omega_{\text{s}}t$$

若 $\omega_{\text{s}}$ 不变,则 $\delta_{\text{e}}$ 随 $t$ 而变。$t$ 的零点对应三角波最大值处。$\delta$ 的 0 点也对应于此处。

对于三角波形 $U_{\text{SL}}$,仍有 $T_{\text{s}} = \dfrac{2\pi}{\omega_{\text{s}}}$。

**(3)恒定越前时间环节**

恒定越前时间环节的输入为 $U_{\text{SL}}$,输出是对应 $U_{\text{SL}}$ 的 $\delta_{\text{e}} = 0$ 之前产生一个宽度为 $t_{\text{yq}}$ 的零电平脉冲。

恒定越前时间环节由比例微分电路与电平检测器组成。

如图 2.11 所示,$U_{\text{SL}}$ 加于电容 $C$ 与电阻 $R_1$ 组成比例微分电路。所加的 $U_{\text{SL}}$ 是在 $-\pi \sim 0$ 区间,故 $U_{\text{SL}} = \dfrac{U_{\text{SL}\cdot\text{m}}}{\pi}(\pi + \delta_{\text{e}})$。在并联时,$\omega_{\text{s}}$ 已很小,故容抗较大,$R_2$ 与之相比可忽略,于是电阻 $R_1$ 与电容 $C$ 上的电流分别为

$$i_R = \frac{U_{\text{SL}}}{R_1 + R_2} = \frac{U_{\text{SL}\cdot\text{m}}}{R_1 + R_2} + \frac{U_{\text{SL}\cdot\text{m}}}{\pi(R_1 + R_2)}\omega_{\text{s}}t \tag{2.17}$$

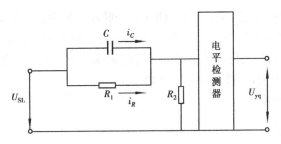

图 2.11　恒定越前时间信号形成电路

$$i_C = C \frac{\mathrm{d}U_{SL}}{\mathrm{d}t} = C \frac{U_{SL \cdot m}}{\pi} \omega_s \qquad (2.18)$$

$R_2$ 上的电压

$$U_{R2} = R_2(i_C + i_R) \qquad (2.19)$$

$U_{R2}$ 加于电平检测器的输入端,电平检测器在输入信号为低电位时,输出 $U_{yq}$ 为高电位。当输入达到其启动电平 $U_{qd}$ 时,电平检测器状态翻转,输出为低电位 $U_{yq}$。低电位 $U_{yq}$ 持续到三角波为最大值(即 $\delta_e = 0$ 处)的时间为 $t_{yq}$。

启动电平

$$U_{qd} = \frac{R_2 U_{SL \cdot m}}{R_1 + R_2}$$

即 $U_{R2} = U_{qd}$ 时,电平检测器发出低电平信号,且有 $t = t_{yq}$。将这一关系代入式(2.19),可得

$$\frac{R_2 U_{SL \cdot m}}{R_1 + R_2} \frac{\omega_s}{\pi} t_{yq} + \frac{CR_2 U_{SL \cdot m}}{\pi} \omega_s = 0$$

$$t_{yq} = -(R_1 + R_2)C \qquad (2.20)$$

可见,$t_{yq}$ 为一定值。改变 $R_1$ 或 $C$ 可调整 $t_{yq}$ 的大小。式(2.20)中负号表示检测器电平变换是在 $\delta_e = 0$ 之前产生的。

### 2.3.3　频率差检测

频率差检测环节在 $t_{yq}$ 产生之前先完成其检测任务,以判断 $\omega_s$ 是否符合条件,该环节的工作原理是利用 $\omega_s = \dfrac{\mathrm{d}\delta_e}{\mathrm{d}t}$ 这一关系由微分电压比较法实现。

对式(2.16)进行微分,可得

$$\begin{cases} \dfrac{\mathrm{d}U_{SL}}{\mathrm{d}t} = \dfrac{U_{SL \cdot m}}{\pi} \dfrac{\mathrm{d}\delta_e}{\mathrm{d}t} = K\omega_s & (-\pi \leqslant \delta_e \leqslant 0) \\[3mm] \dfrac{\mathrm{d}U_{SL}}{\mathrm{d}t} = -K\omega_s & (0 \leqslant \delta_e \leqslant \pi) \end{cases} \qquad (2.21)$$

可见,对整步电压微分,可检测到频率差的信息,若设定一个电压值 $U_{zd}$ 表示允许频率差对应值。将 $U_{zd}$ 与整步电压微分值作比较,有

$$\begin{cases} u_f = K\omega_s - U_{zd} & (-\pi \leqslant \delta_e \leqslant 0) \\[2mm] u_f = -K\omega_s - U_{zd} & (0 \leqslant \delta_e \leqslant \pi) \end{cases} \qquad (2.22)$$

当 $\omega_s$ 小于允许值时,$u_f$ 在 $-\pi \sim \pi$ 间均为负值,表示频率差合格,当 $\omega_s$ 大于允许值时,则在

$-\pi \sim 0$ 之间 $u_f$ 为正,在 $0 \sim \pi$ 之间 $u_f$ 为负,即在一个脉动周期中,$u_f$ 变号表频率差不合格。

频率差检测还可以有其他方法。根据 $\delta_e = \omega_s t$,可以设定一个角度 $\delta = \omega_{sy} t_{yq}$,$\omega_{sy}$ 为 $\omega_s$ 的允许值,则检测装置检测到的实际频率差为 $\omega_s$ 时,有 $\delta = \omega_s t_\delta = \omega_{sy} t_{y\delta}$,$t_\delta$ 为实际 $\omega_s$ 时经过 $\delta$ 的时间,显然,当 $t_\delta \geq t_{yq}$ 时,表示 $\omega_s$ 符合频率差条件。

具体电路不再做介绍。

### 2.3.4 电压差检测

整步电压不能提供 $u_g$ 与 $u$ 的电压差信息。求取电压差信息。可直接对 $\dot{U}_G$ 与 $\dot{U}$ 幅值作比较,得出差值后,再与给定偏差值作比较,以确定电压差 $\Delta U$ 是否在允许值范围内。图 2.12 为电压差检测环节的原理框图。

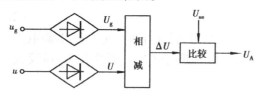

图 2.12　电压差检测原则框图

由图可见,待并发电机电压 $u_g$ 与系统电压 $u$ 分别经小变压器变换并经整流器整流后,得到相对应的 $U_g$ 与 $U$。$U_g$ 与 $U$ 的幅值差值为 $\Delta U$。

$\Delta U$ 只反映电压偏差绝对值。$\Delta U$ 与给定值 $U_{se}$ 作比较,其差值 $U_A$ 即为该环节的输出。显然,

$$U_A = \Delta U - U_{se} \tag{2.23}$$

$U_{se}$ 的大小可在使用前调整一电位器滑动接点得到规定允许值。由式(2.23)可见,当 $\Delta U > U_{se}$ 时,$U_A$ 为正,表电压差不合格,应闭锁合闸。反之,当 $U_A < 0$,表电压差合格,则不闭锁。

具体电路不再做介绍。

### 2.3.5 其他环节的工作原理

根据前述自动准同期装置还应有以下 3 个工作环节。

**(1)合闸控制单元**

当频率差与电压差均满足要求时,这一切均在三角波 $-\pi \sim 0$ 之间检测完成。由图 2.7 所示,闭锁环节开放。在 $\delta_e = 0$ 之前,$t_{yq}$ 时刻,恒定越前时间环节送出 $U_{yq}$ 信号。图 2.7 的"与"条件满足,送出合闸脉冲。具体电路不再做介绍。

**(2)频率差控制单元**

频率差控制环节的任务是将待并发电机的频率调整到与系统频率接近,使 $\omega_s$(或 $f_s$)在允许偏差内。

由于发电机有自动调速器,故频率差控制作用是向调速器送出正确的调速信号。环节通过检测的方向,即 $\omega_s$ 的正负,以确定是发增速,还是减速信号。故控制环节主要由方向判别环节与调节执行环节组成。频差方向判别方法有相位鉴别法,逻辑判别等方法。下面介绍逻辑判别法实现的频率差控制。可用图 2.13 说明其工作原理。

当待并发电机电压 $\dot{U}_g$ 的频率 $f_g$ 大于系统电压 $\dot{U}$ 的频率 $f$,则 $\omega_s = \omega_g - \omega > 0$。由图 2.13(a)可见,$\dot{U}_g$ 以 $\omega_s$ 速度绕 $b$ 点逆时针旋转。对应 $\delta_e$ 在 $0 \sim \pi$ 之间,有 $\dot{U}_g$ 超前 $\dot{U}$;在 $\delta_e$ 为 $-\pi \sim 0$ 时,

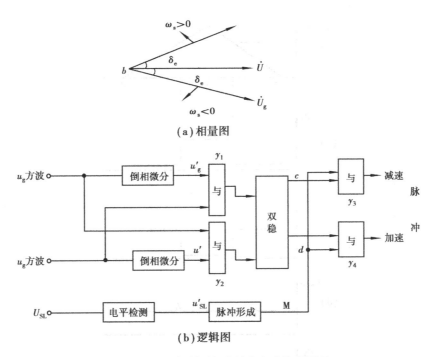

图 2.13　逻辑判别频率差方向法控制原理

则为 $\dot{U}_g$ 滞后 $\dot{U}$。同理,当 $f_g < f$ 时,则 $\omega_s < 0$,$\dot{U}_g$ 以 $\omega_s$ 速度绕 $b$ 点顺时针旋转。而对应于 $\delta_e$ 由 $0 \sim -\pi$ 之间时,$\dot{U}_g$ 滞后 $\dot{U}$;$\delta_e$ 由 $\pi \sim 0$ 时,$\dot{U}_g$ 超前 $\dot{U}$。现对 $\pi$ 只以绝对值 $|\pi|$ 表示,则有以下规律:当 $\delta_e$ 由 $0 \sim \pi$ 时,若 $f_g > f$,则 $\dot{U}_g$ 超前 $\dot{U}$;而当 $f_g < f$,则 $\dot{U}_g$ 滞后于 $\dot{U}$。

故逻辑判别法是给出整步电压在 $\delta_e$ 由 $0 \sim |\pi|$ 的变化过程,再判断 $\dot{U}_g$ 与 $\dot{U}$ 的超前滞后关系,从而确定 $\omega_s$ 的正负,即频差方向。图 2.13(b)给出了该环节的逻辑框图。

对应逻辑图,当 $f_g > f$ 时,在 $0 < \delta_e < \pi$ 期间,与门 $y_1 = u'_g \wedge u = 1$,将输出一序列正脉冲,而 $y_2 = u_g \wedge u' = 0$。但在 $\pi < \delta_e < 2\pi$(即前述之 $-\pi \sim 0$ 区间)时,$y_2 = 1$,输出一序列正脉冲,而 $y_1 = 0$。双稳的 $c$ 端在 $0 < \delta_e < \pi$ 时,因 $y_1 = 1$ 而为高电位,为减速信息。此时 $d$ 端为低电位。但在 $-\pi \sim 0$ 之间时,因 $y_2 = 1$,$d$ 端转为高电位,则表示为加速信息。这显然是矛盾的。为使调速信号在此时能正确传送,如前所述,应将方向判别区间限制在 $0 \leqslant \delta_e \leqslant \pi$ 区间。这由 $u_{SL}$ 给出的信号来保证;图 2.14 用图形说明区间确定原理。

由图 2.13 逻辑图可见,整步电压 $u_{SL}$ 移相输入到电平检测器,当 $u_{SL}$ 大于检测电平 $U_D$,则产生矩形波 $u'_{SL}$ 如图 2.14(b)所示。倒相后为 $\overline{u'_{SL}}$(见图 2.14(c)),经脉冲形成回路,对 $u'_{SL}$ 微分并整形,得到输出 $U_M$(见图 2.14(d)、(e)),$U_M$ 出现在 $0 \sim \pi$ 区间,确定方向区间。

于是,由逻辑图可见,$y_3 = U_c \wedge U_M$,$y_4 = U_d \wedge U_M$,只能在 $0 \sim \pi$ 区间满足"与"关系。故,根据前面分析,可以有结论如下:当 $f_g > f$ 时,在 $0 \leqslant \delta_e \leqslant \pi$ 区间,在 $U_M$ 到来时,因 $U_c$ 为正,$y_3 = 1$,输出一减速脉冲信号;反之,当 $f_g < f$ 时,在 $U_M$ 到来时,因 $U_d$ 为正,$y_4 = 1$,输出一加速脉冲信号。在 $-\pi \sim 0$ 区间,$y_3$,$y_4$ 均为 0 输出,保证不发出错误信号,保证了频差控制环节正确工作。

在 $y_3$,$y_4$ 后,还应有相应的脉冲展宽及输出电路,在此不再给出说明。

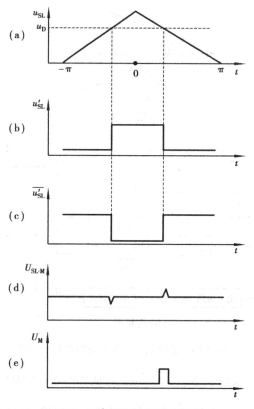

图 2.14 逻辑判别区间确定原理

**（3）电压差控制单元**

类似于频率差控制，电压差控制环节的任务是当待并发电机电压超出允许偏差范围时，向发电机的自动控制励磁系统发出相应的改变励磁信号，以达到调节发电机电压，符合并列条件要求。电压差控制环节由电压差方向检测环节与调压脉冲输出环节组成。图 2.15 为该环节的原理性逻辑框图。

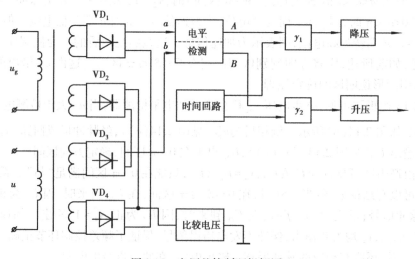

图 2.15 电压差控制逻辑框图

如图 2.15 所示,电平检测器为两个相同的检测电路。$a$ 点输入信号为整流器 $VD_1$ 与 $VD_4$ 之差,即 $U_g - U$;$b$ 点输入信号为 $VD_3$ 与 $VD_2$ 之差,即 $U - U_g$。设电平检测器的设定值为 $U_z$,则当 $U_g - U > U_z$ 时,$A$ 点输出为高电位,而 $B$ 点 $U_B = 0$;反之,$U - U_g > U_z$ 时,有 $U_B$ 为高电位,$U_A = 0$;当 $|U_g - U| < U_z$ 时,则 $U_A$,$U_B$ 均为零。时间回路则根据脉动周期大小,在一定时间内给出一个正电平信号。则当 $U_A$ 为高电位时,当时间回路给出正脉冲时,$y_1 = 1$ 发送一个降压信号,直到电压满足要求为止;若 $U_B$ 为高电位,则当时间回路发出脉冲 $y_2 = 1$ 时,发升压信号。

由于在进行同期操作时,电压差已不是很大,为提高电平检测器工作的灵敏度,在输入信号端加接了一个稳定不变的比较电压。比较电压的接入不影响对电压差与给定值 $U_z$ 的比较。

## 2.4　数字型自动准同期装置

数字型自动准同期装置即微机型自动准同期装置。这类装置的特点已在第 2.2 节做了说明,本节则在说明模拟式同期装置的缺点后,阐述数字式装置的主要工作原理,以印证其特点。

### 2.4.1　模拟式准同期装置存在的问题

当今的模拟式准同期装置均按恒定越前时间原理进行并列。它存在以下问题:

①理论上,在 $\delta_e = 0$ 之前 $t_{yq}$ 脉冲发出后,能实现在 $\delta_e = 0$ 时合上并联断路器。但实际上,合闸瞬间 $\delta_e$ 并不为零。原因在于给出 $t_{yq}$ 时,认为 $\omega_s$ 已不变。实际上,在发出 $t_{yq}$ 信号后,合闸过程中,$\omega_s$ 常常是变化的,这就不能保证合闸瞬间 $\delta_e = 0$。最严重时,是给出合闸脉冲后,$\omega_s$ 变为 0,则 $\delta_e$ 不会变小,将在大的 $\delta_e$ 角度下合闸,对发电机造成危害。

②调频、调压速度慢。不论调频脉冲或调压脉冲,均是间歇性脉冲,且一个脉动周期才发一次。控制速度慢,不仅不能及时将发电机投入运行,还带来空转能耗浪费。

而且,模拟式同期装置不能成为发电厂的 DCS 系统的子系统,同期操作不能实现协调控制。

### 2.4.2　数字式(微机式)自动准同期装置工作原理

数字式(微机式)自动准同期装置有多种形式,但其功能与硬件组成基本是相同的。图 2.16 为较典型的原理性硬件系统框图。装置由以下部分组成:

(1)主机

主机由微处理器及相应的输入输出电路、存储器等单元组成。

同期装置运行,操作程序存储于只读存储器(EPROM)中,形成程序存储器。运行操作中,需要的若干参数,如断路器合闸时间,频率差与电压差在并列时的允许值,频率控制、电压控制的控制脉冲宽度设定等,则存放于以电可擦存储器(EEROM)实现的参数存储器。而随机存储器(RAM)则作为数据存储器,存储计算中间结果及最终结果。

(2)输入输出接口电路

第 1 章已说明,外部输入电路必须经过接于微机内总线上的输入接口电路,才能将输入信号输入微机;对于模拟信号,要经过 A/D 转换后,才能进入微机;状态量则经过光隔离后经并行或串行接口电路进入微机;定时/计数电路是一种管理接口电路。以上统称为输入接口。

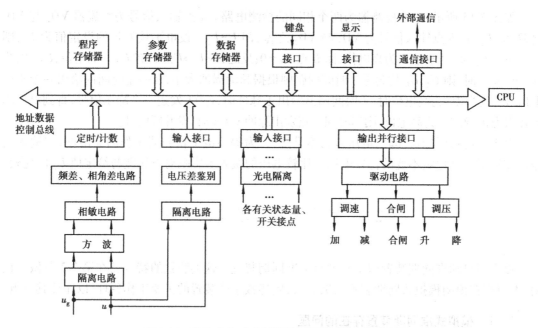

图 2.16　数字式自动准同期装置硬件系统原理框图

相应地,D/A 转换,与输出控制电路连接的并行、串行输出接口,均为输出接口电路。

**(3)输入电路**

与输入接口连接的外部电路即为输入电路,也称为输入过程通道。在并列操作中,要求输入待并发电机及系统电压和频率差、相角差信号这些是模拟信号。此外还要输入以下开关量或数字量信号:

1)并列点参数选择信号

由于一座发电厂只有一台并列装置,故装置中的参数存储器中都预先存放了各台发电机同期时的一整套参数。在确定要进行某台发电机并列操作后,首先要通过并列装置的控制台给出对应该并列对象的同期开关号,这是一个开关量(或设定为一个数字量)。同期装置确认这一信号后,只调用参数存储器中对应发电机的各项参数。

2)并列断路器辅助接点信号

并列断路器辅助接点给出的开关量信号是作为实测该断路器合闸时间(包括中间继电器动作时间)用。前面已介绍,若同期装置的越前时间 $t_{yq}$ 正好等于并列断路器的合闸时间,且在送出合闸脉冲后,$\omega_s$ 不变化,则可以在 $\delta_e = 0$ 时合闸。因此,微机同期装置要实测断路器的合闸时间。实测方法是当同期装置发出合闸命令的同时,启动一个毫秒计时器,当断路器辅助接点给出变位信号时,停止计时。所计时值即为断路器合闸时间。实际上,断路器主触头的闭合时刻与辅助接点给出的变位信号时刻存在一定偏差。因此,当要求精确计算这一时间时,可通过同期瞬间,并列断路器两侧电压突变这一信号作为停止计时信息。这样求出的合闸时间较精确。此外,还有用录波器录取波形作辅助接点信号修正等方法。合闸时间的测定为再次并列操作提供了更精确的参数。

3)复位信号

复位的作用是使微机重新启动,再执行程序的一项操作。这一信号由控制台上的复位按钮给出。在下面两种情况之一时,会给出复位信号:

①装置在工作或自检过程中,可能由于硬件、软件原因或受干扰,导致出错或死机。此时,给出复位信号,使装置重新启动。若装置恢复正常工作,说明装置是正常的,只是受到偶然干扰影响;若装置仍旧出错或死机,则说明装置有故障,应检查并排除故障。

②同期装置在完成一次并列操作后,程序进入一个循环显示状态(一般是显示断路器合闸状态)。只有给出复位信号使程序重新启动,才能重新开始新的并列操作。

4)控制台面板的按键及开关

控制台上还设有若干按键和开关,它们均是发出开关量形式的输入量。通过对这些按键或开关的操作,可以使装置实现某项功能。这些设施实为人—机联系的内容。

**(4)输出电路**

装置的输出电路给出的信号包括4种:

①控制信号。给出并列过程中增速、减速,升压、降压及发合闸脉冲控制信号。

②报警信号。装置工作异常及电源消失时,及时报警。

③录波。记录同期过程电量的波形。

④显示。供运行人员监控装置的运行工况。

### 2.4.3 软件功能的工作原理

装置的软件是指其程序,故软件功能的工作原理是指并列装置运行中各程序的功能及实现该功能的工作原理。具体地说,就是阐述准同期并列时,各种需要的信号的检测或鉴别的原理;压差鉴别、频差鉴别及发送合闸脉冲控制信号的原理。

应用微机实现准同期并列时,对于 $u_g$、$u$ 这样的工频信号,微机有足够充裕的时间进行各种计算,因而可以检测 $\omega_s$ 的变化率,能跟踪同期,选择最佳的越前时间发合闸信号。这些均由相应的程序来完成其功能。

本节对上述软件功能的原理阐述后,最后简要说明软件流程。对实现并列操作的辅助功能软件则不作说明。

**(1)电压及电压差鉴别**

将 $U_g$ 与 $U$ 经交流采样,得到对应的数字电压 $D_g$ 与 $D_x$,并设定允许电压偏差的门槛值(即阈值)$D_u$,则①当 $|D_g-D_x|>D_u$,不允许输出合闸信号。此时,若为 $D_g>D_x$,则并行输出接口输出降压信号,信号的宽度与 $|D_g-D_x|$ 成比例。反之,若 $D_x>D_g$,则发升压信号。②当 $|D_g-D_x|<D_u$,则允许输出合闸信号。

**(2)频率差与相差检测**

1)频率测量与频率差检测

测频原理可用图 2.17 所示框图来说明:将被测电压 $u$ 降压滤波并整形为方波 $u'$ 后,再二分频。二分频后的半周波时间即为工频交流电压的周期 $T$。当正半周高电平作为可编程定时计数器开始计数的启动控制信号时,其下降沿为停止计数,并作为中断申请信号。由 CPU 读取计数值 $N$。设计数器的计时脉冲频率为 $f_c$,则可得出交流电压 $u$ 的周期为

$$T = \frac{1}{f_c} N$$

可得 $u$ 的频率为

$$f = \frac{1}{N} f_c$$

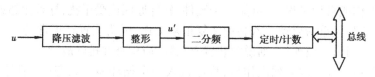

图 2.17 频率检测原理框图

故待并发电机电压 $u_g$ 与系统电压 $u$ 经整形,二分频和计数后,分别得计数值为 $N_g$,$N_x$,则可以分别求出对应频率 $f_g$ 与 $f$。于是,仿照压差鉴别方法,设定一个允许频率差阈值 $f_u$,就可以得出:当 $\Delta f = |f_g - f| > f_u$ 时,不允许合闸,且 $f_g > f$,则输出减速信号,信号宽度与 $\Delta f$ 大小成正比;反之,则发加速信号。

为简化并列装置的输入接线,可省去二分频电路。这样做还可使这一简化测频电路与后面将阐述的相角差检测电路合用。省去二分频后,仍以交流电压方波正半周高电平作计数开始信号,下降沿为停止计数信号发出时刻。由于此时计数时间只为工频电压的半个周波,故计时脉冲数 $N$ 对应 $T/2$,微机仍可方便地求得相应频率值,并按同样方法求频差。

2)相角差检测

在数字式并列装置中,在确定越前时间发出合闸脉冲时,要寻求一个理想的越前相位(原因见下面关于合闸脉冲发出的原理说明)。为此,微机应检测待并发电机电压与系统电压的相位差 $\delta_e(t)$,此处用 $\delta_e(t)$ 表示,说明相位差 $\delta_e$ 是动态的。$\delta_e(t)$ 的检测原理性框图如图 2.18(a)所示。

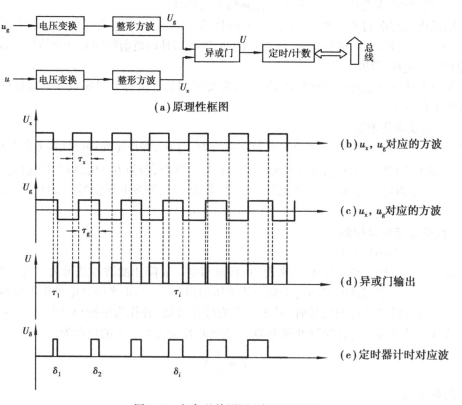

图 2.18 相角差检测原理框图及波形

系统电压 $u$ 与发电机电压 $u_g$ 经波形变换后,得到对应的方波 $U_x$ 与 $U_g$,见图 2.18(b)、(c)(图 2.18 中未画出原始的 $u,u_g$ 交流波形图)。图中所示 $U_x$ 与 $U_g$ 是设定系统频率为 50 Hz,而假定发电机的频率低于 50 Hz 画出的,故 $U_g$ 方波宽一些。图中 $\tau_x$ 为 $U_x$ 的半个周期方波时间,对应的 $\tau_g$ 为 $U_g$ 半周期方波时间。显然对应假设有 $\tau_g > \tau_x$。

$U_x$ 与 $U_g$ 经异或门,得到输出的脉冲电压 $U$。$U$ 为一系列宽度不等的矩形脉冲。第 $i$ 个脉冲的宽度为 $\tau_i$。显然,宽度 $\tau_i$ 与相角差 $\delta_i$ 相对应。定时器在一个工频周期中只对一个 $U$ 的脉冲计时,如图 2.18(e)所示,此为半波计数方式。实际应用中也可以是全波计数方式,即一个周期计数两次,则计数波形 $U_s$ 与 $U$ 相同。

根据以上测定,并注意到系统电压方波的宽度为 $\tau_x$ 已知,为 $T_x/2$($T_x$ 为工频周期)或 $\pi$。则 $\delta_i(t)$ 可按下式求取:

$$\begin{cases} \delta_i = \dfrac{\tau_i}{\tau_x}\pi \quad (\text{对应于矩形波逐渐变宽,即 } \tau_i \geqslant \tau_{i-1},\text{在 } 0 < \delta_e \leqslant \pi \text{ 区间}) \\ \delta_i = \left(2\pi - \dfrac{\tau_i}{\tau_x}\pi\right) = \left(1 - \dfrac{\tau_i}{\tau_x}\right)\pi \quad (\tau_i < \tau_{i-1},\text{即 } \pi \leqslant \delta_e \leqslant 2\pi \text{ 区间}) \end{cases} \tag{2.24}$$

$\tau_x,\tau_i$ 之值可由定时计数器读入求得,故通过式(2.24)可直接计算出 $\delta_i(t)$。图 2.19 为根据式(2.24)作出的 $\omega_s$ 随时间变化的轨迹图。(a)图表明,$\delta_i(t)$ 过程中 $\omega_s$ 不变,而(b)图表示 $\delta_i(t)$ 作等速变化时 $\omega_s$ 相应的轨迹。

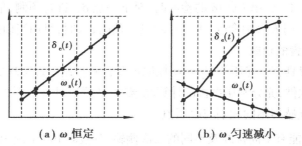

(a) $\omega_s$ 恒定    (b) $\omega_s$ 匀速减小

图 2.19 $\delta_e(t)$ 随 $\omega_s$ 变化的轨迹

### (3)并列合闸命令发出的原理

关于模拟式准同期装置的缺点前面已指出,当在恒定越前时间 $t_{yq}$ 送出合闸命令后,有可能因为 $\omega_s$ 变化,导致断路器触头闭合时,$\delta_e$ 不等于零,而微机型装置可克服这一缺点。其方法是考虑到 $\omega_s$ 是变化的,在变化的 $\omega_s$ 下,找寻一个理想的越前相角 $\delta_{yq}$。应认为这仍是一种恒定越前时间方式。$\delta_{yq}$ 的计算式如下:

$$\begin{cases} \delta_{yq} = \omega_{si}t_D + \dfrac{1}{2}\dfrac{\Delta\omega_{si}}{\Delta t}t_D^2 \\ \omega_{si} = \dfrac{\Delta\delta_i}{\Delta t} = \dfrac{\delta_i - \delta_{i-1}}{2\tau_x} \end{cases} \tag{2.25}$$

式中　$\omega_{si}$——第 $i$ 个计算点的滑差角速度,$(i=0,\cdots,n)$;

　　　$t_D$——微处理器发出合闸信号到断路器主触头闭合时经历的时间,这实际就是一个恒定越前时间,为区别模拟式,以 $t_D$ 表示,表导前时间;

$\delta_i, \delta_{i-1}$——本次(第 $i$ 次)计算点和上一次计算点的相角差值;

$2\tau_x$——两相邻计算点间的时间。

注意,此处给出的 $2\tau_x$ 是对应图 2.18(e) 的计数波形式。

实际应用中,$\omega_s$ 已不大,因此,两相邻计算点间 $\omega_s$ 变化很小。故一般可经若干计算点后才对 $\Delta\omega_{si}$ 计算一次。因而,$\Delta\omega_{si} = \omega_{si} - \omega_{s(i-m)}$($i-m$ 表距第 $i$ 计算点前的第 $m$ 点),于是有

$$\frac{\Delta\omega_{si}}{\Delta t} = \frac{\omega_{s(i-m)}}{2\tau_x m} \tag{2.26}$$

将当前计算所得的 $\delta_{yq}$ 与当前的相角 $\delta_i$ 作比较,有

$$|(2\pi - \delta_i) - \delta_{yq}| \le \varepsilon \tag{2.27}$$

式中 $\varepsilon$——计算允许误差。

满足式(2.27),表明相角差符合要求。若频率差,电压差均满足要求,则立即发出合闸命令。如果 $|(2\pi-\delta_i)-\delta_{yq}|>\varepsilon$,且 $(2\pi-\delta_i)>\delta_{yq}$,则继续进行下点计算,直到 $\delta_i$ 满足式(2.27)为止。以上是一个自动跟踪同期的过程。为考虑 $\omega_s$ 的不同变化,式(2.25)在求取 $\delta_{yq}$ 时加入了反映 $\omega_s$ 变化的加速度项。

在实际应用中,可能出现下述情况:即在第 $i$ 点计算时,有 $|(2\pi-\delta_i)-\delta_{yq}|>\varepsilon$,且 $(2\pi-\delta_i)>\delta_{yq}$,但到下一点,即 $i+1$ 点时,出现 $(2\pi-\delta_{i+1})<\delta_{yq}$,而 $|(2\pi-\delta_i)-\delta_{yq}|>\varepsilon$ 的情况,这表明可行合闸时间应在 $i\sim i+1$ 计算时刻间。若不解决,则必须重新调控频率,拖延并列时间。为避免出现上述情况。可在进行本点(第 $i$ 点)$\delta_i$ 的检测时,对下一点 $\delta_{i+1}$ 进行预测,估计 $\delta_{yq}$ 是否在 $\delta_i\sim\delta_{i+1}$ 之间,若是,就应在 $\delta_i$ 时发合闸令,不错过时机。预测 $\delta_{i+1}$ 时,可用当前的 $\omega_{si}$ 进行计算。

**(4)微机并列装置的功能**

当微机并列装置具有上述压差、频差调控原理及合闸控制原理实现的主要功能软件,并配置若干辅助性功能软件,充分利用微机的计算功能后,装置应具有以下主要功能。

1)能适应电压互感器不同相别与电压值

并列点的 TV 可能有不同接线及不同的二次侧输出电压(100 V 或 100 V/$\sqrt{3}$)利用软件识别与计算,可方便地得到微机需要的待并发电机与系统的电压,而无须设置转角变压器和相电压及线电压转换电路。

2)应有良好的电压差、频率差控制功能

良好的电压差、频率差控制功能能保证装置快速平稳调整电压差和频率差,以达到要求值。前述的功能实现原理已表明可满足这一要求。

3)确保在 $\delta_e = 0$ 时同步

相应的软件功能原理已说明可以满足这一要求,避免了 $\delta_e \ne 0$ 合闸可能的冲击。

4)应能在第一次出现同期条件时发合闸命令

有两种情况需要并列操作:正常开机和紧急开机。后者往往是系统事故时,发生功率缺额,需要投入发电机填补这一缺额。故希望机组在第一次同期机会出现时就能捕捉到,并发出合闸命令。即使是正常情况下的并列,快速同期可以减少空转损耗。

利用前述在检测 $\delta_i$ 的同时预测 $\delta_{i+1}$ 的方法,可以不漏掉第一次同期机会。

5)应具有低压和高压闭锁功能

当 TV 断线,或可能会导致正在运行中的并列装置误判的事故发生时,并列装置应进入闭

锁状态,避免错误同期而产生严重后果。

6)应能及时消除同期过程中的同频状态

在并列操作时,不希望发电机频率 $f_g$ 与系统频率 $f$ 相等或十分接近。因为如果在未发出合闸命令前出现 $f_g = f$,此时,如果发电机电压与系统电压间有 $\delta_e \neq 0$,而此时 $\omega_s = 0$,于是 $\delta_e$ 保持不变,而此时频差控制又不起作用,显然不能并列;如果此时因为有 $\delta_e = 0$,则同期装置会发出合闸命令,即是在合闸过程中因 $\delta_e$ 出现,则会造成冲击。因此,在并列操作中如果出现同频状态,应破坏这一现象,一般采取的方法是使待并机加速。在 $f_g > f$ 的条件下并列时,可避免出现系统向发电机倒送有功功率。

7)能自动在线检测并列断路器合闸回路动作时间

在前面已介绍了检测合闸时间的方法。由于合闸的分散性,通过实时检测后,可以在下一次并列操作时修正 $t_D$,从而能准确地给出 $t_D$ 值,使计算的 $t_D$ 更理想。

8)应能接入发电厂的集散控制系统(DCS)

这一功能的要求在前面已经作出说明。当发电厂具有 DCS 系统,微机并列装置配置合适的通信接口,就可在连接通道后成为 DCS 系统的一个智能终端受上位机管理。若并列装置是安装于变电站时,变电站已具有分布式自动化系统(通常称为综合自动化系统)时,微机并列装置同样应能接入综合自动化系统中。

9)其他功能

微机并列装置还应具有必要的显示、调试功能。

(5)**软件流程**

软件流程即程序流程,说明了微机工作步骤。流程细节往往因设计者不同而存在差异。本节以当今较通用的 SID 型数字并列装置的流程为基础简要介绍其程序流程。目前,作为微机监控系统,多以定时中断申请方式进行工作。下面只对其主流程及定时中断子程序作必要的说明。

1)主程序流程

主程序的工作是自检与询问工作方式,并对将进入的工作方式作准备。图 2.20 为主程序流程图。

装置进入主程序(或带电状态接到复位命令后)首先自检。如出错,则报警;如正常,则检测工作状态,并设置开关状态,以确定下一步工况。这可以有调试、参数设置或工作。参数设置指并列点的导前时间 $t_D$,允许频差、压差、调频控制系数、调压控制系统的给定。对每一台待并机,均有独自的一套设定参数,这由控制台上的开关与按键配合来设置。若为工作状况,则通过查询控制台上的并列点开关(或从 DCS 系统上位机来的信号)确认并列点。若无并列点信号或并列点多于一个,则表示出错,并报警。当并列点信号为一个,确认

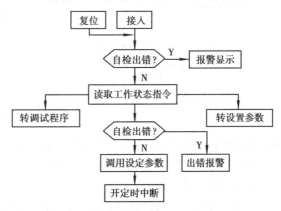

图 2.20　并列装置主程序流程框图

待并机后,装置进入同期操作工作状态等待开机后,调出该并列点参数,开定时中断。装置进入同期操作工作状态等待并列测控程序定时中断的申请。

2)定时中断子程序流程

定时中断子程序完成监测同期条件是否具备,并在符合同期条件后发合闸信号,程序流程图如图2.21所示。定时中断可采取20 ms计算一次。在此期间$\Delta f$,$\Delta u$任一条件不满足,就不能发合闸信号。这样的处理可防止运行的波动,能保证并列操作的安全性。

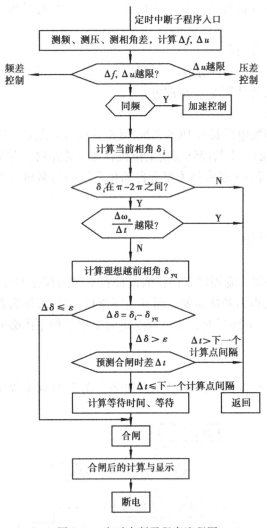

图2.21 定时中断子程序流程图

定时中断时间到后,程序首先进入$f_g$,$f$,$u_g$,$u$及$\delta_e$的检测,并计算$\Delta f$,$\Delta u$。之后,检查$\Delta f$,$\Delta u$是否越限,只要有一项越限,程序就不进入后面的计算,而转向越限项的调整。在选择自动调节方式时,按已设定的调整系数和调整方法进行调压或/和调频,直到满足要求。若不采用或没有自动调节电压和频率的功能时,装置将显示电压差和频率差的越限信号,供运行人员操作参考。

程序下一步是检测待并机与系统是否同频,若同频,则转至加速控制,使待并机加速,脱离同频状态。

在$\Delta f$,$\Delta u$均满足要求,且不同频后,程序转到合闸控制的计算。当计算出的$\delta_i$在$0\sim\pi$区间时,则不是并网区间,直到$\delta_i$进入$\pi\sim2\pi$(即$0\sim\pi$)区间,则进入并网区间。在此,先检查$\omega_s$的速度$\frac{\Delta\omega_s}{\Delta t}$,$\frac{\Delta\omega_s}{\Delta t}$不能过大,若过大,表明转速不稳定,且可能因$\omega_s$速度过大而使转轴驱动能量过大,合闸后,暂态过程较长,最不利的情况会导致失步。因此,对$\frac{\Delta\omega_s}{\Delta t}$要加以限制。在这一条件满足后,就按式(2.25)计算$\delta_{yq}$,按式(2.27)判断$\Delta\delta$。当$\Delta\delta\leq\varepsilon$,立即发合闸命令;若$\Delta\delta>\varepsilon$,则进行合闸时间差$\Delta t$的预测。如果$\Delta t$大于下一个计算点的间隔,则返回,等待下一个计算点再进行计算。如果$\Delta t$小于或等于下一个计算点的间隔,则在预测时间到时发合闸命令。合闸后,要计算断路器合闸时间,并显示,还要清除一些信号。处理完毕,装置断电。

整个数字式并列装置的调试程序、具体装置的编程方法、二次回路设计、外部接线、控制台布置等已超出本教材讲述范围,故不在此讨论。

## 复习思考题

2.1　什么是电力系统的自动并列？电力系统中采用的并列方式有哪几种？各有什么不同之处？各有什么优缺点？

2.2　准同期并列为什么要满足同期并列的 3 个条件？什么是准同期并列的理想条件和实际条件？

2.3　脉动电压有何特点？如何用它反映同期并列的 3 个条件？

2.4　有一台发电机采用自动准同期方式与系统并列，系统参数已归算到以发电机额定容量为基准的标幺值。一次系统参数为 $X''_q = 0.1$，$X_L = 0.1$，断路器合闸时间为 0.7 s，它的最大可能误差时间为 $\pm15\%$，自动并列装置的动作时间偏差为 $\pm0.05$ s，并列时电压超过额定电压 5%，允许冲击电流幅值取为 $i''_{s \cdot m} = \sqrt{2} I_n$。试求 $E''_d$ 最大允许合闸误差角 $\delta_{a \cdot e}$，允许滑差频率 $\omega_{sm}$ 和相应的脉动电压周期 $T_s$。

2.5　了解模拟式自动准同期全波线性整步电压工作原理。

2.6　了解逻辑判别频率差法的工作原理。

2.7　模拟式自动准同期有哪些缺点？为何有这些缺点？

2.8　数字式自动准同期装置为何能自动跟踪同期条件？

2.9　数字式自动准同期装置工作过程中为何不允许出现同频现象？

2.10　了解数字式自动准同期定时中断子程序流程工作过程。

# 第 **3** 章
# 同步发电机自动励磁调节系统

## 3.1 概 述

由电机学知识已知,对同步发电机转轴上的励磁绕组加上直流励磁电流,在转轴旋转条件下,产生一旋转磁场,定子因而感生电势。改变励磁电流大小,就可改变旋转磁场大小,从而决定发电机电势大小。

同步发电机的励磁系统就是指为发电机提供可调节励磁电流装置的全部组合。其中包括产生可调节励磁电流的励磁功率单元(如励磁机,以下或称功率单元)与控制励磁功率单元的励磁调节器两个主要组成部分,以及相关的测量仪表、辅助设备等。功率单元向同步发电机转子输入可调节的直流励磁电流,在转子励磁绕组上建立起一个可控的磁场,从而在发电机定子上感生电势。因此,同步发电机的空载电势 $E_q$ 是励磁电流的函数,而同步发电机运行特性直接与 $E_q$ 有关。由此可知,对励磁电流控制,是对发电机运行实现控制的一项重要内容。因而励磁系统是同步发电机的重要配套装备。

励磁电流是同步发电机产生无功功率的来源。因此,在电力系统运行中,良好的励磁系统对改善电力系统运行有着重要的意义。

励磁系统必须是一个可调节系统,以满足发电机运行需要。为能及时并准确响应发电机运行变化的要求,该调节系统应该是自动的。图 3.1 示出了这一系统的结构框图。励磁调节器根据输入信号与给定调节规律控制功率单元的输出,达到规定的调节目的。输入信号主要取自发电机的输出,整个励磁系统构成反馈控制。图中,$I_f$ 为功率单元向发电机转子提供的励磁电流,$U_G$ 为发电机端电压。

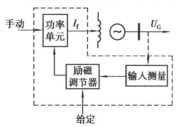

图 3.1 励磁控制系统框图

本章在叙述时,自动调节励磁系统与自动励磁系统或励磁控制系统均为同一概念。

### 3.1.1　电力系统中自动调节励磁系统的任务

自动调节的励磁系统应在运行中担负以下任务：

**（1）系统正常运行条件下维持发电机端或系统某点电压在给定水平**

电力系统正常运行时，负荷是经常变动的，同步发电机的功率也随之相应变化；要求及时调节励磁电流，以维持发电机端或系统某一点电压在给定水平。这是励磁系统最基本的任务。

这一功能可用一单机运行系统来加以说明。图 3.2（a）是同步发电机的原理图。图中 FLQ 为励磁线圈，$U_f$ 为励磁电压，$I_f$ 为励磁电流，$U_G$，$I$ 分别为发电机端电压与定子电流。图 3.2（b）为同步发电机的等值电路。当 $I_f$ 一定时，与之对应的 $E_q$ 也为一定值。在正常运行时，$\dot{E}_q$ 与 $\dot{U}_G$ 的关系可用式（3.1）表示：

$$\dot{E}_q = \dot{U}_G + j\dot{I}X_d \tag{3.1}$$

式中　$X_d$——发电机直轴电抗。

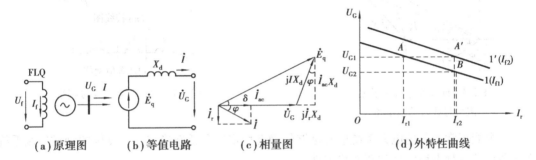

图 3.2　同步发电机运行原理示意图

图 3.2（c）给出对应的相量图。由图可得

$$E_q\cos\delta = U_G + I_rX_d \tag{3.2}$$

式中　$\delta$——发电机功角，即 $\dot{E}_q$ 与 $\dot{U}_G$ 的相角；

　　　$I_r$——发电机的无功电流。

正常运行状态下，$\delta$ 值很小，故可认为 $\cos\delta \approx 1$，则上式简化为

$$E_q \approx U_G + I_rX_d \tag{3.3}$$

式（3.3）表明，在励磁电流一定，因而 $E_q$ 一定的状态下，造成端电压变化的主要原因是无功电流的变化。必须指出，式（3.3）只是为了突出引起电压变化的最基本的关系。此式清楚地表明：当由于负荷电流改变而使 $U_G$ 改变时，应适当及时地调节励磁电流 $I_f$，以改变 $E_q$，从而使 $U_G$ 恢复到给定水平值。图 3.2（d）为当 $I_f$ 不变，发电机 $U_G = f(I_r)$ 的外特性曲线。当 $I_{f1}$ 时，若负荷为 $I_{r1}$，则运行点为 $A$，对应有 $U_{G1}$；若负荷为 $I_{r2}$，则运行点为 $B$，电压下降到 $U_{G2}$。只有当增大励磁电流为 $I_{f2}$ 时，特性平移到 $1'$，则运行点由 $B$ 移至 $A'$，电压恢复到 $U_{G1}$。

**（2）实现并联运行发电机组的无功功率的合理分配**

当发电机与无限大容量母线并联运行时，可以认为发电机端电压是恒定的。而发电机发出的有功功率只受调速器控制。改变励磁电流 $I_f$ 时，有功功率不受影响，即图 3.2（c）中有功

电流 $I_{ac}$ 保持不变。此时,$I_f$ 改变后发电机的相量关系如图 3.3 所示。由图可见,改变 $\dot{I}$ 后,例如增大 $\dot{I}$ 到 $\dot{I}'$,$\dot{E}_q$ 改变为 $\dot{E}_{q1}$,但有功电流 $I_{ac} = I\cos\varphi = I'\cos\varphi'$ 不变,只引起无功电流由 $I_r$ 改变为 $I_r'$,即只改变无功功率。

当与发电机并联运行的母线不是无限大母线时,母线电压将随负荷有一定波动。因此,改变一台并联机组的励磁电流,不仅仅改变本机组无功功率分配。近似情况下,仍认为母线电压不变,则调节一台发电机组的励磁,将使并联运行机组的无功功率重新分配。合理调节励磁,可使各机组的无功功率分配合理。

**(3)提高同步发电机并联运行的稳定性**

电力系统受到小的扰动后,恢复到原有运行方式的能力称为静态稳定性。正常运行的电力系统突然遭受大的扰动(例如事故切机或切线路)后,经历短暂的过渡过程,达到一个新的稳定状态运行的能力,称为暂态稳定性。

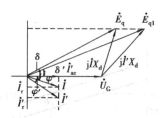

图 3.3 同步发电机接于无限大母线时的相量图

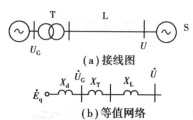

图 3.4 单机与系统连接网络

一个能正常运行的电力系统应有足够的静态稳定性和暂态稳定性。良好的励磁控制系统能提高系统的静态稳定性和暂态稳定性。

1)对提高静态稳定能力的作用

设同步发电机经过变压器、输电线路与系统连接,如图 3.4 所示,发电机向系统送出的有功功率 $P$ 可用下式表示:

$$P = \frac{E_q U}{X_\Sigma} \sin\delta \tag{3.4}$$

式中　$\delta$——发电机电势 $\dot{E}_q$ 与系统母线电压 $\dot{U}$ 之间的相位差角;

　　　$X_\Sigma$——系统总电抗,对应图中 $X_d$,$X_T$ 与 $X_L$ 之和。

当励磁固定,即 $\dot{E}_q$ 为定值时,$P$ 是 $\delta$ 的正弦函数,$P(\delta)$ 关系曲线如图 3.5(a)曲线 1 所示,为同步发电机的功角特性。由式(3.4)可知,$\delta = 90°$ 时,$P$ 有最大值,为 $P_m = \frac{E_q U}{X_\Sigma}$,称为功率极限,$\delta = 90°$ 则称为静稳定极限点。

实际运行时,为了保证静态稳定,运行点的角度 $\delta_0$ 比 90° 小。

图 3.5(b)为无自动调节励磁装置(ZTL)时发电机端电压变化的相量图;图 3.5(c)则为有 ZTL 时对应的电压变化的相量图。由图 3.5(b)可见,励磁电流不变,$\dot{E}_q$ 不变;当 $\delta$ 增加 $\Delta\delta$,有功功率随之增大,发电机电压由 $\dot{U}_G$ 变成 $\dot{U}_{G1}$,$\dot{U}_{G1}$ 小于 $\dot{U}_G$。若发电机有反应灵敏的 ZTL,则当 $\delta$

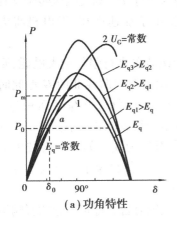
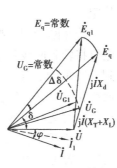
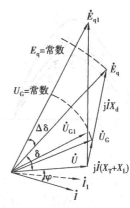

| （a）功角特性 | （b）无ZTL时发电机端电压的变化相量图 | （c）有ZTL时发电机端电压的变化相量图 |
| --- | --- | --- |

图 3.5　自动调节励磁装置改善发电机静态稳定说明图

增加时,ZTL 能立即增大励磁电流 $I_f$,维持 $|\dot{U}_{G1}| \approx |\dot{U}_G|$ 基本不变(见图3.5(c)),而 $\dot{E}_q$ 则增大到 $\dot{E}_{q1}$。对应于 $\dot{E}_{q1}$,功角特征曲线也随之成比例增大幅度(见图3.5(a))。同步发电机的工作点将移到 $E_{q1}$ 对应的曲线上;若 $\delta$ 角继续增大,ZTL 能灵敏调节,仍维持 $U_G$ 不变,而 $E_q$ 又应作相应增大,同步发电机的工作点又移到新的曲线上。依靠 ZTL 的作用,在保持 $U_G$ 为常数的情况下,可得到一条新的功角特性曲线,见图 3.5(a)所示的曲线 2。曲线 2 的功角极限显然大于 90°,这称为人工稳定区。只要自动调节励磁装置能灵敏调节,再维持不同点电压为恒定或使某一电势为恒定,则可得到具有不同人工稳定区的功角特性曲线。

由于采用了 ZTL,可使发电机运行于 $\delta>90°$ 的区域,也就是提高了电力系统静态稳定能力。

大型电力系统中,由于区域性电网间缺乏互联阻尼,会产生低频振荡。采用一般的自动调节励磁装置不能消除或减弱这种状态。采用增加辅助输入量,例如增加能反映发电机功率或频率的变化量的励磁调节器,能减弱或消除低频振荡。在后面还将较详细地阐述这一问题。

2)励磁对提高暂态稳定的作用

当电力系统发生事故,即受到大干扰后,发电机组间或电厂之间联系立即减弱。只有当系统具有较强的暂态稳定能力,才可能使系统中各机组保持同步运行。

具有动作快速、反应灵敏的自动调节励磁装置能提高暂态稳定能力。这里以单机对无限大系统的例子来说明。图 3.6 为机组在事故前后的功角特性。设在正常运行时,发电机运行于功角特性曲线 I,送出的功率为 $P_0$,运行点在 $a$ 点。当受到大干扰后,设电压突降,系统的运行点由 $a$ 点突降到功角特性曲线 II 的 $b$ 点。如果事故消除前,励磁装置保持原状态,则由于此时动力输入部分惯性大,输入功率仍为 $P_0$,因而机械功率大于电磁功率,使发电机转子加速,运行点沿曲线 II 由 $b$ 点向 $G$ 点移动。$abG$ 包围的面积内均表现为转子是在加速的可能区域,称为加速面积。过了 $G$ 点,发电机发出的电磁功率大于机械功率,转子上呈现制动转矩,发电机开始减速。由于惯性作用,转子的速度是逐渐减小的。曲线 II 与 $P_0$ 直线相交的上部 $GeHc$ 面积表示使转子制动的能量,为减速面积。如果到达 $H$ 点(曲线 II 与 $P_0$ 相交的另一交点),减速面积还小于加速面积,则转子在惯性作用下沿曲线 II 继续移动。由图 3.6 可见,经过 $H$ 点

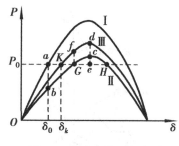

图 3.6 发电机的面积定则

后,发电机发出的电磁功率又小于 $P_0$,则发电机转子又开始加速。显然,只要减速面积小于加速面积,发电机将失去稳定。

若在刚受到干扰后,励磁装置进行强行增大励磁,则发电机将转到曲线Ⅲ上运行(图示对应曲线Ⅱ的 $G$ 点此时转到曲线Ⅲ的 $f$ 点),这将增大减速面积,当 $Gedf$ 面积与 $abG$ 面积相等时,转子将从 $d$ 点沿曲线Ⅲ向 $\delta$ 减小方向变动最终发电机可运行于 $K$ 点,功角对应为 $\delta_k$。如果励磁装置动作于 $G$ 点前就投入强行励磁,还可减小加速面积,这样,功角 $\delta$ 的摆动值将减小。由以上分析可见,快速灵敏且能进行强行励磁的励磁装置可以提高暂态稳定。

应该指出,由于现代继电保护切除故障很迅速,一般励磁装置对暂态稳定所起的影响不如它对静态稳定的影响表现得那么显著。

**(4)励磁系统能改善电力系统运行条件**

当电力系统处于各种非正常工作状态时,例如系统发生短路、故障刚切除时等,励磁系统应进行强行励磁,使系统电压迅速恢复,从而在许多方面改善系统的运行条件。

1)提高继电保护动作的灵敏度

当系统发生短路后,自动调节励磁系统实现强行励磁,使短路电流水平增大,提高了带时限动作的继电保护装置的灵敏度,从而也增加了保护动作的正确性。

2)改善电动机自启动条件

系统短路时,电网电压降低,未切除的电动机常因此处于制动状态。短路切除后,电动机自动启动时要吸收大量无功功率,必然延缓电压恢复过程,甚至可能甩负荷。若励磁装置进行强行励磁,则能使系统电压最快地恢复,从而改善电动机自启动条件。

3)允许发电机失磁异步运行

当发电机由于各种原因而失磁时,某些发电机可不退出运行,而要在吸取大量无功功率的条件下转入异步发电运行,这必然导致系统电压下降。此时,系统内正常运行机组的励磁系统及时增加励磁以提供必要的无功功率,保持系统电压水平,并维持异步运行机组在允许时间内继续运行。

对于采用自同步方式并列的水轮发电机组,若系统内其他机组能迅速增大励磁,可以缩短并列的时间。

**(5)对于水轮发电机应要求能强行减磁**

由于水轮发电机的调速装置惯性大,所以,当发电机因故甩负荷时将超速,而超速则可能产生危险的过电压,励磁装置此时应进行强行减磁,以免产生危险过电压。汽轮发电机的调速器均较灵敏,故汽轮发电机不易超速,对励磁系统可不作此要求。

以上诸作用表明,同步发电机均应装设自动调节励磁装置。

### 3.1.2 对自动调节励磁系统的要求

为能实现上述诸任务,对励磁系统有以下基本要求:

1)励磁系统应能保证发电机在各种运行工况下要求的励磁容量,并适当留有裕度

例如,励磁功率单元为直流励磁机,则其额定电压、额定电流一般分别为同步发电机的额

定励磁电压、额定励磁电流的 1.1 倍;对他励系统的交流励磁机或静止自励系统的励磁变压器、变流器及串联变压器的额定电压、电流,则取强励状态时的电压计算值和额定状态时的电流计算值的 1.1~1.3 倍。

2)应有高的强励顶值电压与励磁电压上升速度

从提高系统稳定性观点出发,要求强行励磁时,功率单元的顶值电压愈高愈好,电压上升速度愈快愈好。一般以强行励磁时所能达到的顶值电压与额定电压之比来表示这一指标,称为强励倍数。由于受制造与成本限制,一般取为 1.5~2。

励磁电压上升速度定义为:在强行励磁时,从开始至 0.5 s 内励磁电压的平均上升速度,这又称为励磁电压响应比。

图 3.7 为励磁电压上升速度的说明图。励磁电压随时间上升过程按指数规律变化,如 ac 曲线。a 点是初始运行点,设为额定,对应于发电机的额定励磁电压 $U_{f \cdot n}$。过 a 点作直线 ad 交 0.5 s 直线于 d 点,使三角形 abd 面积等于励磁电压伏秒特性 ac 段在 0.5 s 内所覆盖的面积,即图中两阴影部分面积相等,则直线 ad 的斜率就表示了 0.5 s 内励磁电压上升的平均

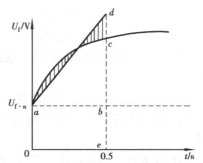

图 3.7　励磁电压上升速度的定义示意图

速率,即 $\dfrac{\Delta U_f}{\Delta t(0.5)} = \dfrac{bd}{ab}$,此即励磁电压上升速度。对于

现代励磁机,$\dfrac{\Delta U_f}{\Delta t(0.5)} = (0.8 \sim 1.2) U_{f \cdot n} / \text{s}$。

近年,有高初始响应速度的机组,这是指强行励磁后,0.1 s 内励磁电压达到 95%顶值电压的响应速度。高响应速度必然要求励磁系统动态工作时,时间常数小,即电磁惯性小。这往往只能采用晶闸管励磁系统才能达到这一要求。

图 3.7 也定义了强励倍数,即 $U_c / U_a$ 值。

3)应有足够的强励持续时间

励磁系统的强励持续时间主要决定于所在系统稳定计算与继电保护动作的要求及发电机转子和励磁功率单元温度值的限制。对空气冷却发电机一般不小于 50 s,采用半导体励磁装置时,一般为 10~20 s。

4)应有足够的电压调节精度与电压调节范围

从维持发电机端电压在给定水平的观点,必须要求励磁调节系统对发电机有足够的调节精度。具体指励磁系统在自然调节特性下(即专门作改变调节特性功能的调差环节退出时),发电机的负载由零增至额定值时(功率因数在规定范围内变化),发电机端电压的变化率,即静差率,应在规定范围:对于半导体型装置,要求小于 1%;对电磁型装置,要求小于 3%。电压变化率 $\varepsilon$ 按下式定义:

$$\varepsilon = \frac{U_{G \cdot f} - U_{G \cdot n}}{U_{G \cdot n}} \times 100\% \tag{3.5}$$

式中　$U_{G \cdot f}$——发电机在额定转速下的空载电压;

　　　$U_{G \cdot n}$——发电机在额定工况下的端电压,即额定电压。

提高励磁系统的静态放大倍数,可以提高调压精度。

带自动调节励磁系统的发电机的电压调节范围有两个要求：

①对于空载运行的发电机，自动调节励磁系统应保证空载电压可调范围为（70% ~ 110%）$U_{G·n}$；

②对带负荷的发电机，在调差环节投入，功率因数为零时，无功电流从零变化到额定定子电流时，发电机端电压变化率，即调差率 $\delta$ 为

$$\delta = \frac{U_{G·f} - U_{G·r}}{U_{G·n}}$$

式中　$U_{G·r}$——无功电流为额定定子电流时发电机的端电压。

要求半导体型装置的调差率在±10%范围内。关于调差率，第3.4节及第3.5节还将专门讨论。在后面将 $\delta$ 称为调差系数。

5）励磁系统应在工作范围内无失灵区

自动调节励磁系统无失灵区才能保证发电机有良好的静态稳定性能，即可在人工稳定区内运行。

6）励磁系统应有快速灭磁性能

当发电机内部故障或停机时，快速动作灭磁能迅速将磁场减小到最低，保障发电机的安全。

7）励磁系统本身应简单可靠，调节过程稳定

### 3.1.3　励磁系统的类型

由于励磁系统的功率单元（也称主励磁系统）与励磁调节器结构及实现的原理、方法的不同，励磁系统可分为多种不同类型。

按功率单元的不同，可分成直流励磁机系统、交流励磁机系统及半导体励磁系统。下面就各种不同功率单元构成的励磁系统作简要分析。

**（1）直流励磁机系统**

直流励磁机系统是最早采用的励磁方式，直流励磁机与发电机同轴。其主要优点是结构简单、运行可靠，当励磁机故障时，发电机转子仍可与励磁机形成闭合回路，不会产生过电压。其主要缺点是，因为励磁机为机械整流子换流，平时对整流子、电刷的维护工作量大，且当需要的励磁电流很大时，换向困难，故励磁机的容量受到限制，在现代工艺条件下不大于 500 kW。此外，直流励磁机有较大的时间常数，因而响应速度较慢。所以，这种系统只能适用于 10 万 kW 以下的机组。

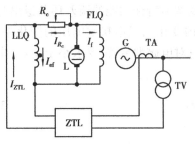

图 3.8　自励直流励磁机系统原理图

直流励磁机又可分为自励式和他励式两类。

1）自励式直流励磁机系统

图 3.8 为自励式直流励磁机系统原理接线图。发电机的励磁绕组 FLQ 由并联的专门的直流励磁机 L 供电，改变磁场变阻器 $R_c$，可改变励磁机的励磁电流 $I_{ef}$，从而改变了励磁机端电压，达到人工调节励磁电流 $I_f$ 的目的。

励磁调节器 ZTL 则通过电压互感器 TV 感受端电

压 $U_c$ 的变化(根据工作要求,还加上电流互感器 TA 提供相应信息),ZTL 作出响应,改变输出电流 $I_{ZTL}$,达到自动调节 $I_f$ 的目的。

这种系统在空载和低励磁时,发电机电压和稳定度较差,电压上升速度较慢,多用于小型发电机组。

2)他励式直流励磁机系统

图 3.9 为他励式直流励磁机系统原理图。对比图 3.8 可见,由于有同轴的副励磁机 FL,在要求相同励磁容量下,他励式的时间常数较小,因而电压响应速度较高。而且,由于副励磁机的存在,发电机电压的稳定性较自励式好。此时 ZTL 的输出直接对主励磁机起作用,图示状态为 ZTL 的输出送至主励磁机的一个单独的励磁绕组。

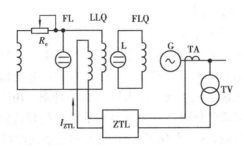

图 3.9　他励式直流励磁机系统原理图

他励式直流励磁机系统多用于水轮发电机组。

**(2)交流励磁机系统**

当前,大容量的同步发电机多采用交流励磁机经整流器的励磁系统,因为交流励磁机无整流子,容量可以造得较大。励磁机的频率一般为 100 Hz 或更高的中频。交流励磁机结构简单,工作可靠性高。

根据交流励磁机电源整流方式及整流状态的不同,这类系统又可分为以下两大类。

1)带静止整流器的励磁系统

带静止整流器的励磁系统同样可分为他励式与自励式,见图 3.10(a)、(b)所示原理图。

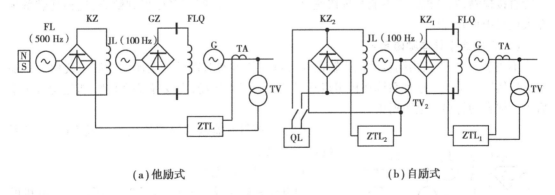

(a)他励式　　　　　　　　　　　(b)自励式

图 3.10　交流励磁机系统原理图

图 3.10(a)所示的他励式系统中,以一台频率为 500 Hz 的中频永磁式交流发电机作为副励磁机 FL,其输出电压经可控整流器 KZ 整流后供交流励磁机 JL 励磁,JL 是频率为 100 Hz 的中频发电机。JL 的输出经整流器 GZ 整流后供给同步发电机的励磁功率。励磁调节器 ZTL 的

输出控制 KZ,达到自动调节励磁的目的。

副励磁机不一定是永磁式,也可以采用自励式中频交流发电机来实现。

图 3.10(b)为自励式系统。交流励磁机 JL 采用自励方式工作。JL 的起励电压较高,不能像直流励磁机那样可以依靠剩磁起励,所以在机组启动时,利用专门的起励电源 QL 保证机组顺利进入正常工作状态。当机组进入正常工况后,QL 退出工作。

正常工作时,JL 由可控整流器 $KZ_2$ 供给励磁电流。$KZ_2$ 受恒压调节器 $ZTL_2$ 控制,保持 JL 的输出电压为恒定。而发电机的励磁由调节器 $ZTL_1$ 实现自动调节。

以上两种方式中,整流器处于静止位置,故称为静止整流器式励磁系统。

应注意,图 3.10 中所示结构不是唯一的形式。即不论是他励式和自励式,还是其他形式,其原理分别与图 3.10(a)、(b)相同。

2)带旋转整流器的无刷励磁系统

静止整流器式交流励磁机系统对同步发电机提供励磁电流的路径中有滑环与电刷,转子滑环通过的极限电流目前为 8 000~10 000 A。因此,当励磁电流超过这一极限时,应取消滑环。于是产生了无滑环的无刷励磁系统。图 3.11 为其原理图。由图可见,不可控整流器 Z、励磁机的电枢绕组以及副励磁机的磁极均在发电机转子轴上旋转,因而励磁机向发电机提供励磁电流的路径上无滑环与电刷,从而简化了运行维护,励磁系统的可靠性得到提高。

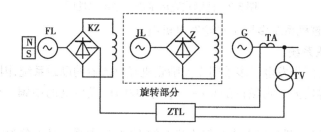

图 3.11　无刷励磁系统原理图

无刷励磁系统使发电机轴的长度增加,制造工艺复杂。在运行中,发电机转子电流与电压不能直接检测,发电机转子不能实现快速灭磁。如今,上述问题多已得到解决,这种励磁系统在大机组中得到应用。

**(3)自励式半导体励磁系统**

不用励磁机,直接由同步发电机输出通过可控整流器取得励磁电流的励磁系统称为自励式半导体励磁系统。这种系统在机组启动过程中为建立磁场,应设置起励电源,机组运行正常后手动或自动将启动电源退出。

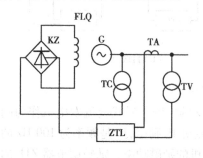

图 3.12　自并励励磁系统

由于可控整流器取得电源或接入方式不同,这种系统可分成以下几类:

1)自并励励磁系统

自并励励磁系统原理图如图 3.12 所示。发电机的励磁电源是一台接在发电机端的励磁变压器 TC,TC 的输出经可控整流器 KZ 整流后向发电机供给励磁电流。图 3.12 中未绘出起励电源。

自并励系统取消了励磁机,响应速度快,设备维护简单,可靠性提高。但因 TC 接于发电机端,受电力系统运行状态影响较大。当电力系统短路时,机端电压下降导致励磁电压降低,强行励磁能力受影响,尤其是在机端附近短路时更显严重,带时限的电流保护可能会因短路电流水平下降而拒动。因此,应采用与该励磁系统相适应的后备保护,如阻抗保护或带过电流记忆的低电压保护等。当今,对于重要设备,主保护多为双重保护,且动作时间大都在 0.1 s 内,故上述缺点影响已不突出。

自并励系统可用于大、中、小型机组。

2)自复励励磁系统

为解决自并励强励能力差的缺点,引导出自复励励磁系统。该系统在自并励的基础上加入反映发电机电流变化的励磁电源,这一电源由接于机组的串联变压器 GTA 提供。发电机正常运行时,由 TC,GTA 供给励磁电流,当机端附近短路时,GTA 提供正比于短路电流的励磁电流,因而有较好的强励能力。由于 TC 与 GTA 提供的励磁电流接入方式不同,自复励系统又可分为以下几种形式:

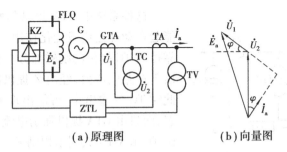

**(a)原理图**　　　　　**(b)向量图**

图 3.13　交流侧串联自复励式系统

①交流侧串联型自复励方式。系统解释性原理接线如 3.13(a)所示。发电机所需励磁功率由励磁变压器 TC 与串联变压器 GTA 的二次侧串联后经可控整流器 KZ 整流后供给。GTA 的铁芯具有气隙,故磁路不易饱和,即其互感抗 $X_\mu$ 可视为常数,则 GTA 副边感生的电压为

$$\dot{U}_1 = j K_I \dot{I}_a X_\mu \tag{3.6}$$

并联的励磁变压器副边电压为

$$\dot{U}_2 = \dot{U}_G / K_v \tag{3.7}$$

式中　$K_I$——GTA 的变比;

　　　$K_v$——TC 的变比;

　　　$\dot{I}_a , \dot{U}_G$——发电机定子电流与端电压。

加于可控整流器上的阳极电压 $E_a$ 为

$$\dot{E}_a = \dot{U}_1 + \dot{U}_2 = j K_I \dot{I}_a X_\mu + \dot{U}_G / K_v \tag{3.8}$$

由 3.13(b)向量图可见,$\dot{E}_a$ 的幅值为

$$E_a = \sqrt{\left(\frac{U_G}{K_v}\cos\varphi\right)^2 + \left(\frac{U_G}{K_v}\sin\varphi + K_I I_a X_\mu\right)^2} \tag{3.9}$$

式中　$\varphi$——发电机功率因数角。

由此可见,这种系统整流输出不仅能反映电压变化,还可反映功率因数的变化及负荷电流的变化,且这一变化与发电机因电枢反应改变对励磁电流变化的要求是一致的。这种能反映定子电流、端电压及相角的励磁方式称为相复励。相复励系统有较好的补偿电枢反应变化作用,可加快调节速度。这种系统只要参数选择适当,能够在系统发生对称或不对称短路时基本维护 $E_a$ 不变,同时强励倍数较高。但这种系统由于串联变压器接入可控整流器的阳极回路,使换相电抗增加,因而增加了换相压降,且波形畸变较大。

②直流侧并联型自复励方式。系统解释性原理接线如图 3.14 所示。发电机正常运行时,励磁电流由两部分组成:一部分由励磁变压器 TC 经可控整流器 KZ 整流后提供,另一部分则由励磁变流器 GTA 经整流器 Z 整流后提供,这是一个正比于发电机定子电流的恒流源,即所提供的励磁电流只随发电机负载的变化而变化,而不受其他因素的影响。这种加上与负载电流成比例的励磁称为复励作用。但无相复励中的相位因素,因为此时两部分励磁电流不能反映相位变化。

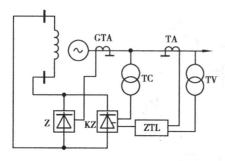

图 3.14　直流侧并联自复励式系统原理图

这种系统中 GTA 提供的励磁电流不受控制,但能起自动补偿负载变化作用。要维持需要的励磁是靠控制 TC 提供的励磁部分。当发电机近端短路时,由于短路电流大,经由 Z 提供的励磁电流急剧增大,此时 TC 的输出小,可能出现 KZ 的晶闸被封锁的状态,而只由 GTA 提供强励电流。当远方短路时,则仍由 TC 和 GTA 共同承担励磁。

在这种系统中的 GTA,其铁芯一般为无气隙形式,因此不允许其副边开路,以防产生危险过电压。

③直流侧串联型自复励方式。为避免直流侧并联型在机组近处短路时,GTA 产生的励磁电压封锁 TC 提供的励磁电流,可将整流器 Z 与可控整流器 KZ 串联(参数则应另行计算)。此时,流过两整流器的为同一电流,加于发电机转子绕组上的励磁电压则为两个整流电压的代数和。

直流串联型的可靠性没有直流并联型高。

自复励方式还有交流侧并联型,但较少应用,不再讨论。

## 3.2　励磁系统的换流电路

在各种形式的励磁系统中,除了直流励磁机励磁系统,其他形式的励磁系统均要使用三相可控或不可控整流电路,或逆变电路。为此,应对各种三相换流电路工作原理有一系统性了解。本节在已知的单相整流电路的基础上分析三相换流电路的工作过程。

### 3.2.1　三相半控桥式整流电路

三相半控桥式整流电路的原理接线图如图 3.15(a)所示。整流桥的 $S_1$,$S_3$,$S_5$ 为晶闸管,$VD_2$,$VD_4$,$VD_6$ 为二极管,$R$,$L$ 分别表示直流侧负载的电阻及电感,VD 为续流二极管。

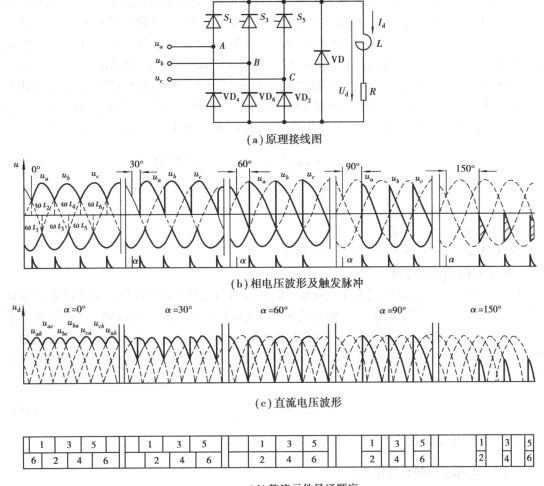

（a）原理接线图

（b）相电压波形及触发脉冲

（c）直流电压波形

（d）整流元件导通顺序

图 3.15　三相半控桥式整流电路及波形图

**（1）基本假设**

为了最本质地分析电路工作状况,可忽略一些次要因素,突出整流工作过程。为此,作以下假设:

①交流电压是三相对称的正弦波电压,且整流变压器容量足够大,即不受直流侧工作的影响。

②整流变压器的漏抗为零,因此,整流桥的换相过程被认为是瞬间完成,即重叠角为零。

③直流回路负载是转子绕组,故电感足够大,因而认为整流电流 $I_d$ 完全平滑。在控制角 $\alpha$ 不改变,负载 R 不变时,电流 $I_d$ 恒定不变。

④各相控制角 $\alpha$ 一致,即对应 A,B,C 三相,触发电路控制脉冲的相角依次为 $\alpha$,$\alpha-120°$,$\alpha-240°$。

**（2）$\alpha=0$ 时的整流过程**

图 3.15（b）中与 $u_a$,$u_b$,$u_c$ 对应的波形为加于整流桥上 6 个整流元件上的相电压波形。图的下部为示意的触发脉冲波。在 $\omega t_1$ 点,对应于上升的 $u_a$ 与下降的 $u_c$ 相等,为 A 相 $\alpha=0$,触

65

发 $S_1$；根据整流管正负极间正向电压最大一相导通的原理，负载电流经由 $S_1$ 管、负载、$VD_6$ 管流回。此时，$VD_2$、$VD_4$ 均处于反向电压之下，负载上得到图 3.15(c) 对应部分所示的 $u_{ab}$ 电压波形。此时刻相位为自然换相点。当达到 $\omega t_2$ 点之后，$u_c$ 比 $u_b$ 低，$VD_2$ 导通，$VD_6$ 关断；电流路径变成 $S_1$、负载、$VD_2$，对应负载上的电压为 $u_{ac}$。当达到 $\omega t_3$ 这一自然换相点，为 $B$ 相的 $\alpha = 0$，触发 $S_3$，$S_3$ 导通后 $S_1$ 承受反向电压而截止，电流路径为 $S_3$、负载、$VD_2$ 返回变压器，负载上得到电压为 $u_{bc}$。依此类推，若一直维持 $\alpha = 0$，则可以看出，在一个工频周期内，直流负载上得到有 6 个纹波的直流脉动电压。它的平均值即为负载上的直流电压 $U_d$，可按下式计算：

$$U_d = \frac{1}{\frac{\pi}{3}} \int_{\frac{\pi}{3}}^{\frac{2\pi}{3}} \sqrt{2} U_l \sin \omega t d(\omega t) = 1.35 U_l = 2.34 U_p \tag{3.10}$$

式中　$U_l$——线电压有效值；

　　　$U_p$——相电压有效值。

图 3.15(d) 表示了各整流元件导通的顺序。

**(3) $\alpha > 0$ 时的整流过程**

图 3.15 中还给出了 $\alpha > 0$ 的几个特殊角度时的波形与元件导通顺序图。由图可见，当 $\alpha \leq 60°$ 时，直流电压波形是连续的，每个整流元件的导通时间对应 $120°$；当 $\alpha > 60°$ 后，电压波形不连续，元件导通角度小于 $120°$，整流元件间出现时间不连续。而流过负载的电流因为电感 $L$ 的存在，经续流二极管 VD 形成通路，使电流保持连续。因为 $L$ 很大，故电流仍是平滑的。此时，平均电压 $U_d$ 为

$$U_d = 2.34 U_p \frac{1 + \cos \alpha}{2} \tag{3.11}$$

由图可见，$\alpha$ 可变范围为 $180°$，当 $\alpha = 180°$ 时，$U_d = 0$。

### 3.2.2　三相全控桥式整流电路

三相全控桥式整流电路原理接线如图 3.16(a) 所示。6 只整流元件全为晶闸管。共阴极的 3 只晶闸管 $S_1$，$S_3$，$S_5$ 的自然换相角仍与半控桥电路相同；共阳极的 $S_2$，$S_4$，$S_6$ 的对应自然换相角则为相电压波形中(见图 3.16(b))相关两相电压负半周的瞬时值相等处，即图中的 $a'$，$b'$ 与 $c'$ 点。对电路分析时的基本假设仍如前述。但在全控桥中，为形成电流回路，工作时必须要求共阴极与共阳极的晶闸管各有一只处于同时导通状态。因此，全控桥在一个工频周期中的触发脉冲数为 $2 \times 3 = 6$ 个，各脉冲相距 $60°$，如图 3.16(b) 下部所示。

下面分析其工作过程。

**(1) 整流工作过程**

图 3.16(b) 给出了控制角 $\alpha$ 为几个特殊值时的整流过程波形，对应的图(c)为输出直流电压波形。晶闸管导通顺序与三相半控桥顺序相同。

以 $\alpha = 30°$ 说明整流过程：当 $u_a$ 经自然换相角后 $30°$ 时，对 $S_1$ 送触发脉冲，$S_1$ 导通。设在讨论时刻 $S_6$ 已导通(此时 $b$ 相电压最低)，电流回路为 $S_1$、负载，经 $S_6$ 返回，输出电压 $u_d = u_{ab}$。经过 $60°$，到达距 $c'$ 为 $30°$ 时刻，此时 $u_c$ 为负，触发 $S_2$，$S_2$ 导通，$S_6$ 截止；电流回路变为 $S_1$、负载，经 $S_2$ 返回，输出电压 $u_d = u_{ac}$。之后按 $60°$ 间隔，顺序触发 $S_3$，$S_4$，$S_5$，$S_6$，$S_1$，$S_2$，…，得 $\alpha = 30°$ 的整流过程。图 3.16(c) 的 $\alpha = 30°$ 部分给出了对应输出电压波形。

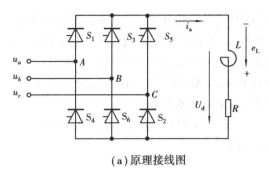

（a）原理接线图

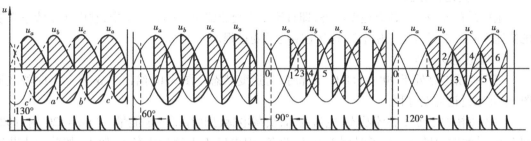

（b）相电压波形及触发脉冲

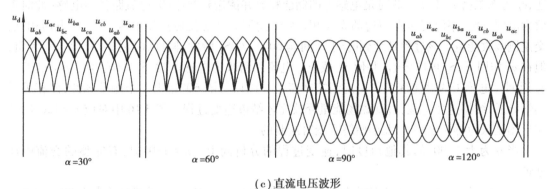

（c）直流电压波形

图 3.16　三相全控桥式整流电路及波形图

图中给出 $\alpha = 60°$ 的整流波形。由图可见，在 $\alpha = 60°$ 时，输出电压 $u_d$ 波形开始有零点出现，可以推论，当 $\alpha < 60°$ 时，输出电压 $u_d$ 有瞬时值均大于零的连续波形。

当 $\alpha = 90°$，对应图（b）可见，在时刻 1 时，$u_a$ 达到 $\alpha = 90°$，$S_1$ 导通，此时虽有 $u_c$ 比 $u_b$ 低，但 $S_2$ 未被触发，$S_6$ 仍保持导通，输出电压 $u_d$ 为对应的 $u_{ab}$。到时刻 2 时，有 $u_a = u_b$，$u_d = u_{ab}$ 为零。时刻 2 与 3 之间，$u_a$ 比 $u_b$ 低，故这一段均有 $u_d = u_{ab}$ 为负，但负载回路有电感，将产生反电势 $e_L$，$e_L = -L \dfrac{\mathrm{d}i_d}{\mathrm{d}t}$ 较大，$e_L - u_{ab}$ 为正，使电流 $I_d$ 维持原方向并保持连续（实为电感释放能量维持电流连续）。在到达时刻 3 时，$S_2$ 上电压对应于 $\alpha = 90°$，触发 $S_2$，$S_2$ 导通，$S_6$ 关断。在时刻 3 到 4 之间，$u_a$ 与 $u_c$ 波形呈负值，但 $u_d = u_{ac}$ 为正，电流方向不变并连续。依此类推以后工况，得出图 3.16（b）与图 3.16（c）中对应 $\alpha = 90°$ 的波形。由图可见，$u_d$ 波形呈现正负两部分，在 $\alpha = 90°$ 时，这两部分恰好对称相等，平均值显然为零。

由以上分析可知，在整流过程中，每个整流元件均连续导通 120° 后截止，每隔 60° 将有一个整流元件换流，以上过程不受 $\alpha$ 角大小的影响。

显然,在 $60°<\alpha<90°$ 范围内,输出电压 $u_d$ 是交替的正负两部分,且正的部分较大,故输出电压 $u_d$ 平均值大于零。电压 $u_d$ 为正时产生负载电流 $I_d$,$u_d$ 为负时有反电势 $e_L$ 维持 $I_d$ 连续。当 $\alpha=90°$ 时,$u_d$ 的正、负部分正好相等,平均值为零,$I_d$ 也为零。

因此,整流过程只能在 $0°<\alpha<90°$ 内产生。$\alpha$ 为零时仍等于不控整流状态。在整流状态下,负载的直流平均电压 $U_d$ 按下式来求得:

$$U_d = 1.35U_l \cos \alpha = 2.34U_p \cos \alpha \qquad (3.12)$$

式中符号含义与式(3.10)中相同。

**(2)逆变过程分析**

全控桥在 $\alpha>90°$ 后转成逆变状态,即直流变为交流输出。励磁系统中,利用逆变状态来实现快速灭磁。下面讨论三相全控整流电路的逆变过程。

1)理想逆变过程

当全控桥电路处于 $90°<\alpha<180°$ 工况时,为逆变状态。图 3.16 给出了 $\alpha$ 为 120°时的波形图,以此来讨论逆变过程。

设整流桥原处于整流状态,电流为 $i_d$,负载电感已储存了一定能量。当 $\alpha=120°$ 时,即时刻 1,$S_1$ 受触发而导通。过了时刻 1,$u_{ab}$ 已为负,但电感 $L$ 上感应电势 $e_L$ 较大,如前一小节所述,$e_L$ 力图维持 $i_d$ 不变。此时是电感上的储能释放并倒送到交流侧,电流路径为电感(此时等效为电源)、$S_6$、整流变压器副边的 $b,a$ 相,经 $S_1$ 返回。在交流侧产生电压 $e_{ba}$ 与 $i_d$ 方向相反,交流侧吸收能量。该过程延续到时刻 2(间隔 60°),对 $S_2$ 触发,同样,时刻 2~3 之间 $u_{ac}$ 为负,但在 $e_L$ 作用下,$S_2$ 可以导通,并使 $S_6$ 截止。电流回路改为电感负载、$S_2$、整流变压器 $ca$ 相,经 $S_1$ 返回。电感中的磁能继续向交流侧馈回能量。以后每隔 60°送出一个触发脉冲,使相关晶闸管导通,维持逆变过程,直到磁场能量释放完才结束逆变过程。图 3.16 中对应 $\alpha=120°$ 时的波形图是认为感应电势 $e_L$ 大小始终不变时绘制的。

当 $\alpha$ 为大于 90°的其他角度时,逆变过程的分析同上。$\alpha=180°$ 时,有完整的交流电压波形。

在分析逆变工作时,引入逆变角 $\beta$ 的概念,$\beta=180°-\alpha$。因 $\alpha$ 在逆变时总大于 90°,故 $\beta$ 在 $0°~90°$ 之间变化。

逆变工作时,直流回路电压与交流侧电压仍有与式(3.12)相似关系,此时直流侧电压称为反向直流平均电压,为

$$U_\beta = -1.35U_l \cos \alpha = 1.35U_l \cos \beta \qquad (3.13)$$

2)逆变工作分析

前述为逆变理想工况。为获得大的逆变电压,显然希望 $\alpha$ 愈大愈好。从理论上讲,$\alpha=180°$,即 $\beta=0°$ 时,逆变电压最大,波形完整。但实际上,$\beta=0$ 时将会导致逆变失败,这称为出现逆变颠覆。这是不希望的。因此,要保证逆变工作正常,又能得到尽可能大的逆变电压,要求实际的 $\beta$ 大于给定的最小逆变角 $\beta_{min}$。$\beta_{min} \geq \gamma+\theta$,$\theta$ 为晶闸管的截止时间对应的电角度,$\gamma$ 为换流重叠角。

对 $\gamma$ 的解释如下:以上分析曾假设整流变压器的漏抗为零,因此,在同侧的两只晶闸管换流过程中,认为导通与截止是同一瞬间完成,实际上变压器的漏抗不能忽略。对应图3.16(a),假设某一 $\alpha$ 角时,原有 $S_1$ 与 $S_6$ 两管导通,在经过 60°后,触发 $S_2$,$S_2$ 导通,由于漏抗的存在,$S_6$ 此时流过的电流不可能马上为零,而是逐渐衰减,因而出现了同阳极侧的 $S_2$ 与 $S_6$ 同时导通的

状态,直到 $S_6$ 内电流衰减至零为止。$S_2$ 与 $S_6$ 共同导电时间对应的电角度即为重叠角 $\gamma$。$\gamma$ 也称换流角。

下面分析颠覆现象产生的原因。由前述分析可知,使换流成功的条件是:刚触发导通的元件使原来同侧已导通的元件处于反向电压下,才能使其可靠关断。现分析 $\alpha = 180°$ 时的工况。图 3.17 给出了 $\alpha = 180°$ 时的波形图,见图 3.16(a),设电路已在 1 点时刻进入 $\alpha = 180°$ 的逆变工况。经过 $60°$ 后达到时刻 2,对 $S_2$ 发触发脉冲,$S_2$ 导通,但因 $\gamma > 0$,故过了时刻 2,$S_6$ 仍导通,而加于 $S_2$ 与 $S_6$ 阴极上的电压分别是 $u_c$ 和 $u_b$。当时刻 2 过后,有 $u_b < u_c$,即 $S_6$ 的阴极电位低,于是应截止的 $S_6$ 继续导通,刚触发导通的 $S_2$ 反而截止,未完成换相。$S_6$ 长期导通,形成了逆变颠覆。

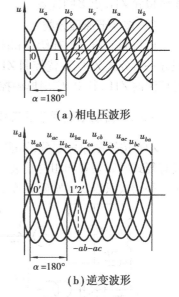

(a) 相电压波形

(b) 逆变波形

图 3.17　$\alpha = 180°$ 时逆变波形

若使 $\beta > \beta_{min}$,即对 $S_2$ 触发后,经过 $\gamma + \delta = \beta_{min}$ 还未到达时刻 2,此时对应有 $u_b > u_c$,即 $S_2$ 的阴极较负,$S_2$ 导通而 $S_6$ 截止,完成换流。在 $\beta_{min}$ 中计入 $\delta$ 是考虑到应截止的晶闸管在电流为零后,进入真正的关断还有 $\delta$ 对应的一个关断时间。一般取 $\beta = 40°$,可得到不产生颠覆,又有较大的逆变电压。

逆变过程在励磁系统中呈现时,正好是一个灭磁过程。此时发电机转子电流是等速减小,灭磁速度很快。

## 3.3　自动励磁调节装置分类及原理概述

由本章 3.1 节已知,励磁控制系统中的励磁调节器在测量输入信号,并与给定值作出比较、计算后,给出控制信号作用于励磁功率单元,从而控制励磁电流,达到励磁系统应完成的功能。实际的励磁调节器均按一定控制规律来自动调节励磁,故称为自动调节励磁装置(ZTL)。

本节说明 ZTL 的分类,之后简要说明 ZTL 原理及其基本特性。至于目前常用的半导体 ZTL 及数字(微机)型 ZTL 的工作原理则在后面分节阐述。

### 3.3.1　自动励磁调节装置分类

由于电力系统运行的需要及自动装置元件与计算技术的进展,自动励磁调节装置也随之发展。有多种形式的 ZTL。ZTL 可按其物理结构或调节原理(算法)来划分。

**(1)按物理结构分类**

按其物理结构可分为机电型、电磁型、半导体型与数字(微机)型。机电型调节器是最初的调节器型式,现已不再应用。电磁型是以磁放大器为核心的调节器,因时间常数大、惯性大,现已极少采用。目前,半导体器件构成的调节器得到广泛应用。而近年来,由于发电机单机容量不断增加,系统越来越复杂,对励磁调节器的要求也越来越高;另一方面,计算机控制技术的广泛使用,其可靠性也不断提高,微机型 ZTL 有比半导体模拟式 ZTL 更多的优点,故越来越受到重视及实际应用。采用微机型 ZTL 时,可以很方便地采用更新更好的调节方法,有比半导体模拟式 ZTL 更多的优点。

**（2）按调节原理分类**

可将调节器分为补偿式和闭环反馈式。前者有复式励磁装置，后者有比例式 ZTL，比例—积分—微分式 ZTL、最优控制 ZTL、非线性控制 ZTL、自适应控制 ZTL。近年，已开始有人工智能算法的 ZTL，其中，应用模糊控制原理的 ZTL 已有应用。

### 3.3.2 自动励磁调节器工作概述

ZTL 按控制原理划分，如前述，有开环前馈控制（即补偿式）及闭环反馈两种型式。补偿式有复式励磁装置和相复励装置。下面对补偿式与反馈式自动励磁调节器工作进行简要说明。补偿式只以复式励磁装置来说明。

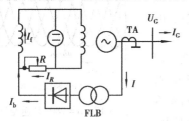

图 3.18　复式励磁装置原理性接线示意图

**（1）复式励磁装置**

复式励磁装置是基于开环系统方式工作的，图 3.18 为其原理性接线图。装置直接测量发电机负荷电流 $I_G$。在 TA 二次侧得到电流 $I$，经复励变压器 FLB、整流器整流后，得到正比于负荷电流的直流电流 $I_b$；$I_b$ 作为补偿励磁电流加到励磁机的励磁绕组中。减小由于负荷电流导致的电压波动。

由于复式励磁是开环补偿调节，故补偿电流 $I_b$ 的大小虽与负荷电流成比例，但不一定恰好是使电压回到给定值所需的励磁电流变量。因此，还需要装设一套按闭环系统方式工作、修正电压的电压校正器，才能使发电机电压维持为给定值。由于校正器是在复式励磁基础上工作，故校正器消耗功率小，可加快调节速度。

**（2）基于闭环反馈的自动励磁调节器**

不论是现在已不再应用的机电型 ZTL、电磁型 ZTL，还是当今广泛应用的半导体式 ZTL、数字式 ZTL，均为闭环反馈型式的 ZTL。

现在的自动励磁调节器，由于使用的元器件各不相同，构成的闭环式调节系统也可能各不相似，但其基本功能环节及构成的最基本的自动励磁调节系统结构是相似的，可用图 3.19 表示。图中的调差环节的作用是改变发电机的调节特性。具体分析见本章有关部分。

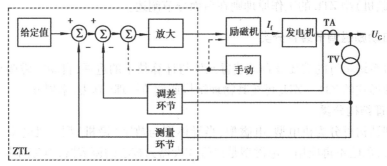

图 3.19　自动调节励磁系统框图

自动励磁调节器与励磁功率单元、发电机组成的自动励磁调节系统的最基本工作方式为比例式调节，即 ZTL 为按比例规律进行调节。此时，ZTL 测量发电机端电压 $U_G$，并将测量结果

与给定值作比较,得出偏差值。经计算放大,输出的信号
与偏差大小成比例。因而 ZTL 作用于励磁功率单元后,输
出的励磁电流 $I_f$ 与偏差成比例。由于给定值设为不变,故
$I_f$ 与发电机端电压成比例,$I_f = f(U_G)$ 称为 ZTL 的工作特
性。比例式 ZTL 的工作特性如图 3.20 所示。图中,$U_{G·n}$ 为
额定电压,此时,励磁功率单元提供的励磁电流为 $I_{f·n}$。当
发电机电压 $U_G$ 上升到 $U_{G·a}$ 时,对应有励磁电流 $I_{f·a}$;反
之,$U_G$ 下降到 $U_{G·b}$ 时,对应有 $I_{f·b}$,直线 $ab$ 即为比例式
ZTL 的工作特性。$ab$ 呈现一定斜率。由图可见,比例式
ZTL 能使发电机电压稳定,但这是一个有差调节。改变放大系数可以调整斜率。

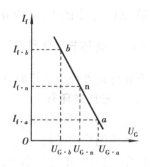

图 3.20　比例式 ZTL 的工作特性

关于 ZTL 更详细的讨论见以下相关章节。

## 3.4　半导体自动励磁调节装置工作原理

如今仍使用着多种型式的半导体自动调节励磁装置。这些装置可以使用不同的半导体器
材与电路,但功能结构基本相同。现就通用型式的半导体自动调节励磁装置的结构及各基本
环节的典型电路工作原理介绍如下。

### 3.4.1　半导体自动励磁调节装置的基本结构

图 3.21 为一个基本功能完整的半导体自动励磁调节系统结构框图。系统的 ZTL 由调差、
测量比较、综合放大、同步与移相触发及可控整流环节组成。另外,各种控制信号环节是为增
加 ZTL 辅助功能而设置的信号,交流励磁电源环节可以是副交流励磁机或其他可靠的交流电
源。图中的各个环节又由若干单元电路组成。

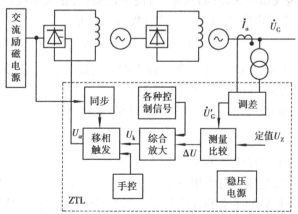

图 3.21　半导体励磁调节系统结构图

装置的工作过程简述如下:当发电机电压 $U_G$ 变动,例如电压升高时,经调差、测量比较环
节得到正比于端电压变化量的 $\Delta U$,经综合放大得到控制电压 $U_k$,$U_k$ 作用于移相触发环节,输
出触发脉冲 $U_\alpha$,此时 $\alpha$ 角加大,达到减小可控桥输出的目的,从而使电压恢复到正常。反之,

$U_C$ 下降，ZTL 输出的 $U_\alpha$ 对应 $\alpha$ 角减小，增大励磁使 $U_C$ 回升至正常。

### 3.4.2 各环节工作原理

下面讨论各环节工作原理，调差环节在下一节讨论。

**(1)测量比较环节**

1)作用及对环节的要求

本环节的作用是将发电机电压转变为与之成比例的直流电压，再将该直流电压与给定基准电压作比较，得出电压偏差信号。

实际的装置中，测量比较环节测量的是调差环节的输出。这是一个根据需要修正(见调差环节工作介绍)后的发电机电压 $\dot{U}'_C$。

对测量比较环节的要求是，对被测量电压应有高灵敏度，时滞小，能及时反映发电机电压的变化；给定的基准电压稳定精确，并有足够调节范围；输入电压与输出电压之间为线性关系；输出电压的纹波小；整个环节不受系统频率变化影响。

2)环节的组成

测量比较环节由正序电压滤过器、多相整流、滤波及检测桥等电路组成，如图 3.22 所示。

图 3.22　测量比较环节框图

①正序电压滤过器。滤过器的输入是调差环节的输出 $U'_C$，采用正序滤过器的原因是当系统存在三相电压不平衡时，滤过器只输出一个反应电压水平的正序电压，能提高检测的灵敏度，并使接于其后的测量变压器始终处于对称三相电压下工作。

正序电压滤过器接线如图 3.23(a)所示，为便于说明，将接线图改画成图 3.12(b)所示电路。图中，各臂对称位置的电阻、电容相等，且参数间关系为

$$R_1 : R_2 : X_C = 2 : 1 : \sqrt{3} \tag{3.14}$$

即 $R_1 + R_2 = \sqrt{3} X_C$，于是 $A'B'，B'C'，C'A'$ 三条支路上的电流超前相应线电压30°，且 $R_1$ 上压降为 $R_2$ 的两倍。据此，可作出电压相量图如图 3.24 所示。

图 3.24(a)为输入负序电压的相量图。由图可见，滤过器输出为零。图 3.24(b)为输入正序电压的相量图，滤过器有三相对称电压 $\dot{U}_{A''B''}$、$\dot{U}_{B''C''}$ 及 $\dot{U}_{C''A''}$ 输出。因此，当输入为不对称电压时，负序分量被滤去，只有正序电压输出。

②多相整流。由测量变压器与多相整流电路组成多相整流单元，其作用是将发电机电压变换成能与基准电压作比较的平滑的直流电压。因为整流相数越多，整流电压中所含纹波的最低频率越高，且其幅值越小，因而直流电压越平滑，所以一般均采用多相整流电路。由于整流电压平滑，其后的滤波单元可以采用较小的滤波电容而获得满意的直流电压。滤波电容的减小可提高整个测量回路的响应速度。

图 3.25 示出了一个六相桥式整流电路。测量变压器 CB 原边为三角形接线，二次侧为两组三相绕组，分别接成△和 Y，整个接线方式为△/△/Y-12-11，两绕组的线电压相等，并分别

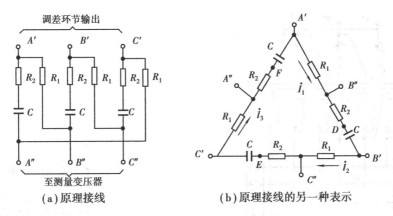

（a）原理接线　　　　　　（b）原理接线的另一种表示

图 3.23　正序电压滤过器原理接线图

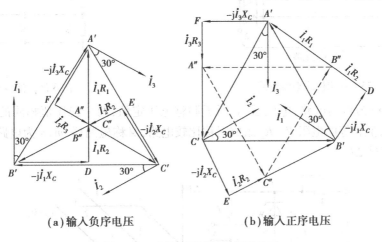

（a）输入负序电压　　　　　　（b）输入正序电压

图 3.24　正序电压滤过器相量关系

接在两个三相全波整流桥电路上，两个桥在直流侧并联。由于变压器二次侧△与 Y 绕组的同名相电压在相位上相差 30°，整流后的波形为六相全波整流波形，即在一个周期内有 12 次脉动。直流电压中含有的纹波最低频率为 12×50 = 600 Hz，且幅度小，这便于滤波和提高响应速度。

③滤波电路。滤波电路如图 3.26 所示，1，2 为输入端，接至整流电路，3，4 为输出端，接至检测电路。滤波电路由两节组成，第一节是由 $R_1$，$R_3$ 和 $C_1$，$R_2$，$R_4$，$C_2$ 组成的桥式滤波电路，$a$，$b$ 是输出端。该电路利用电桥原理，使电桥具有选频滤波特性，即频率为选频的波形时，滤波电桥无输出。对于六相全波整流，选频为 600 Hz。桥式滤波电路选频特性好，对直流电压衰减小。

第二节是由 $R_5$，$C_3$ 和 $R_6$，$C_4$ 组成的两级 RC 滤波器，其作用是滤去残余的高次谐波分量。

④检测电路。检测电路是测量比较环节的核心部分，其作用是将整流滤波输出的电压与比较电路中的基准电压进行比较，得到一个反映发电机电压偏差的直流电压信号 $\Delta U$，输出到综合放大环节。通过调节检测电路中的整定电位器，能改变电压的给定值。因此，检测电路起到比较与整定电压的作用，故又称为比较整定电路。

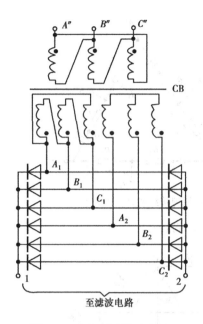

图 3.25 六相桥式整流电路

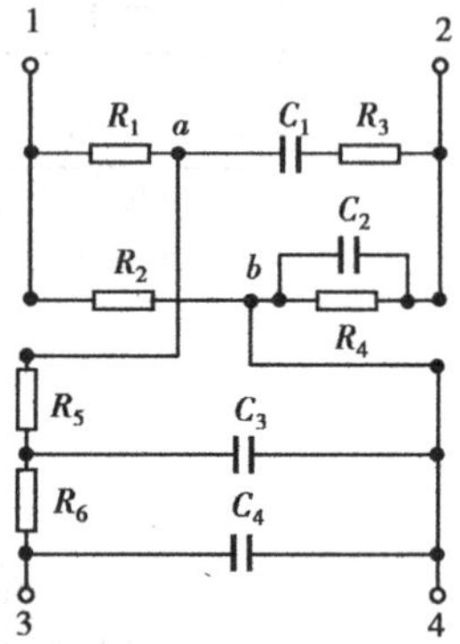

图 3.26 滤波电路

图 3.27(a) 为检测电路, 电位器 W 用于调整电压定值; 两个稳压值相同的稳压管 $WY_1$, $WY_2$ 与两个阻值相等的电阻 $R_1$, $R_2$ 组成对称比较电路, 又称检测桥, $m$, $n$ 为电路的输出端, 输出电压偏差信号 $\Delta U$。

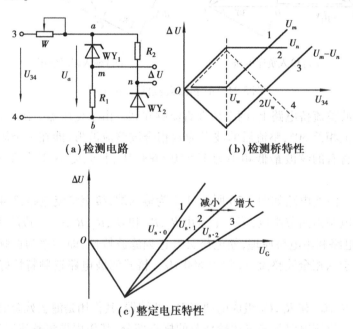

(a) 检测电路

(b) 检测桥特性

(c) 整定电压特性

图 3.27 检测电路接线及特性

检测桥特性如图 3.27(b) 所示。下面分析检测桥特性。

设稳压管的击穿电压为 $U_w$, 并设 W 为零, 且位置固定不变。当输入电压 $U_{34}$ 从零逐渐增加, 在 $U_{34} < U_w$ 时, $WY_1$, $WY_2$ 均未击穿, 检测桥两支路均处于开路状态, $m$ 点与 $b$ 点等电位为

零,$n$ 点与 $a$ 点等电位,随输入电压而增大。因此有 $U_m = 0, U_n = U_{34}$,如图中折线 1,2 位于 $U_w$ 虚线左侧部分。当 $U_{34} \geq U_w$ 后,稳压管被击穿,两支路均有电流流过,此时有 $U_m = U_{34} - U_w, U_n = U_w$,如图中折线 1,2 位于 $U_w$ 虚线右侧部分。于是有输出电压为

$$U_{mn} = U_m - U_n = U_{34} - 2U_w \tag{3.15}$$

令 $U_{34} = KU_G, 2U_w = KU_s, K$ 为比例系数,$U_s$ 为发电机电压的给定值,则当 $U_{34} \geq U_w$ 时有

$$U_{mn} = U_{34} - 2U_w = K(U_G - U_s) = K\Delta U \tag{3.16}$$

即检测桥输出一个与发电机偏差呈线性比例的电压,如图中折线 3(或 4,视 $\Delta U$ 取向而定)。特性直线在 $U_{34} \geq U_w$ 后为工作范围,过横轴处有 $\Delta U = 0, U_{34} = U_{ab} = U_w$。

改变电位器 $W$ 大小,能改变检测桥的输出特性,如图 3.27(c)所示。因为 $U_{34}$ 正比于发电机电压,图中将横轴改为发电机端电压 $U_G$,更便于讨论。

当 $U_{34} < U_w$ 时,$W$ 不论为多大,理想情况下,输出电压特性不受影响,如图 3.27(b)中位于 $U_w$ 虚线左侧的折线 3。当 $U_{34} > U_w$ 后特性变化如下:

a.$W = 0$,这时特性曲线为折线 1,也即是图 3.27(b)中的折线 3,此时整定电压为

$$U_{s \cdot 0} = 2U_w / K_0$$

式中　$K_0$——$W = 0$ 时的比例系数。折线过横轴处为 $U_G = U_{s \cdot 0}$,即图 3.27(b)中的 $U_{ab} = U_w$ 处。

b.$W > 0$,设阻值为 $W_1$,此时电位器中有电流流过,产生压降,故有 $U_{ab} < U_{34}$。因此,当 $W = W_1$ 时,$U_G = U_{s \cdot 1} > U_{s \cdot 0}$ 才能使 $U_{ab} = 2U_w$。$U_{s \cdot 1}$ 为 $W_1$ 时的整定电压。特性曲线如折线 2。当 $W$ 阻值增至最大时,$U_{ab}$ 与 $U_{34}$ 相差更大,特性曲线右移至最大,为折线 3,此时定值对应为 $U_{s \cdot 2} > U_{s \cdot 1}$。当正常运行时,$W$ 在 0 与最大值之间调节,定值调整范围就为 $U_{s \cdot 0} \sim U_{s \cdot 2}$。

整定电路还可以有其他形式,但工作原理及特性与上述基本相同。

可以采用集成模拟电路构成更精确的整定比较电路,本节不再讨论。

**(2)综合放大环节**

1)任务及对环节的要求

本环节的任务是将偏差电压 $\Delta U$ 与其他辅助信号电压进行线性综合放大,以提高整个装置的灵敏度,并给出适合移相触发环节需要的控制电压。其他辅助信号包括反馈、限制及可以反映发电机运行的多种参数变量。

显然,对环节应有以下要求:有足够大的可调节的增益;线性度好,精度高;能实现综合多个输入信号;时间常数小,反应速度快;输出阻抗低、输出电压满足移相触发环节需要;工作稳定。

2)工作原理

综合放大环节一般均采用直流运算放大器来构成。

运算放大器原理接线图如图 3.28 所示。运算放大器的开环(无反馈电阻 $R_f$ 时)放大系数 $K_0$ 很大($K_0 > 10^4 \sim 10^5$),加入 $R_f$ 后,输入端相加点 $\sum$ 的电位接近零电位,即 $U_\sum \approx 0$。设有输入信号 $U_1, U_2$ 分别经 $R_1, R_2$ 接到 $\sum$ 点,因放大器的 $K_0$ 大,故认为输入到放大器的电流 $I_0 \approx 0$,于是有

$$I_\sum = I_1 + I_2 = I_f$$

其中
$$I_1 = \frac{U_1 - U_\Sigma}{R_1} = \frac{U_1}{R_1}$$

$$I_2 = \frac{U_2 - U_\Sigma}{R_2} = \frac{U_2}{R_2}$$

$$I_f = \frac{U_\Sigma - U}{R_f} = \frac{-U}{R_f}$$

可推得输出电压为

$$U = -\left( \frac{R_f}{R_1}U_1 + \frac{R_f}{R_2}U_2 \right) \tag{3.17}$$

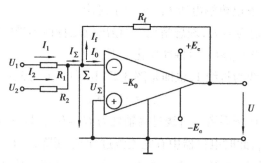

图 3.28　运算放大器原理接线图

式(3.17)说明,运算放大器能对多个输入信号按不同比例相加,其比例仅与反馈电阻及各输入电阻有关,与运算放大器本身参数无关。各比例系数可以分别进行整定。

由运算放大器构成的综合放大环节电路如图 3.29 所示。电路中加上了限幅与功率放大。

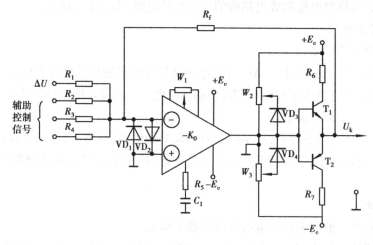

图 3.29　综合放大电路

在输入端,$VD_1$,$VD_2$ 组成双向限幅电路,保护集成放大电路。$VD_3$,$VD_4$ 与 $W_2$,$W_3$ 组成输出端的双向限幅电路,使输出电压 $U_k$ 的幅值限制在移相触发电路允许范围。

为增加运算放大器带负荷的能力,在限幅电路之后,增加一级互补射极跟随器,作功率放大。

放大器上接入电位器 $W_1$ 来调零,当输入为零时,调节 $W_1$,使 $U_k$ 也为零。$R_5$ 与 $C_1$ 构成消除高频自激振荡电路。

图 3.30 示出了 $U_k$ 与主信号 $\Delta U$ 的关系特性(此时设其他信号均为零)。改变 $R_f$ 与 $R_1$ 的比值,可以改变特性斜率;当 $|\Delta U|$ 大于一定值后,输出不再变,呈饱和状态,这是根据移相电路的要求而设定的。

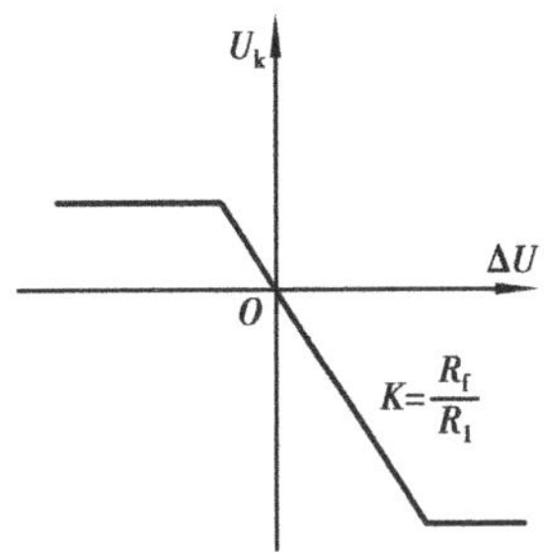

**(3)移相触发环节**

**1)任务及对环节的要求**

本环节的作用是将控制信号 $U_k$ 转换成触发脉冲,以触发对应相的晶闸管,达到调节励磁的目的。

图 3.30　综合放大电路工作特性

受控制的是三相整流桥,故应有 3 套触发电路。若整流桥是三相全控,则根据上一节的分析可知,晶闸管导通顺序为 $+A,-C,+B,-A,+C,-B$,则三相触发电路每隔 60°向对应相发一个触发脉冲;若是三相半控桥,则每隔 120°发一个触发脉冲。为保证触发电路对整流主电路在给定的 $\alpha$ 角时发出触发脉冲,触发电路与同相主电路应在相位上严格保持同步。

触发电路的移相范围应足够宽,移相平稳,线性度好;触发脉冲应有足够功率,使晶闸管可靠导通;脉冲应有一定宽度,尤其是对于励磁系统这样的大电感电路,只有当脉冲有足够宽度,刚导通的晶闸管中电流逐渐上升时,触发脉冲仍未消失,保证晶闸管不会重新熄灭;触发脉冲的前沿要陡;整个触发电路应有较强的抗干扰能力。

**2)移相触发电路工作原理**

移相触发电路包括同步电路、触发电路及其脉冲输出电路,图 3.31 为其工作示意图。同步变压器为 △/Y-11 接线,使同名相的同步电压超前主电路电压 30°,图中未单独画出同步电路。移相触发电路中的触发器可以由单独稳态触发器或单独晶体管触发器等电路来实现。现以单稳态触发器构成的移相触发电路进行讨论。由于三相触发电路相同,只以 A 相电路进行分析,其原理接线示于图 3.32。

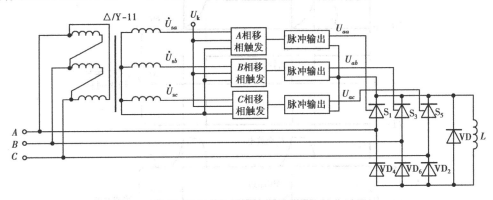

图 3.31　三相移相触发电路工作示意图

①同步信号环节。同步信号电路在于向移相触发电路提供一个明确的计算 $\alpha$ 角开始工作的信号。为使主电路能从 $\alpha=0°$ 开始工作,根据前一节分析可知,同步变压器提供的电压应至少超前主电路同名相电压 30°,该电压经处理后得一同步信号。图 3.31 的 △/Y-11 接线的同步变压器表明符合这一需要。图 3.32 给出的同步环节由 $VD_1$,$VD_2$ 双向限幅及 $VD_3$,$C_1$ 构成的微分电路组成。由同步变压器副边来的电压 $U_{sa}$ 经电阻 $R_1$ 限幅后,得近似矩形波 $U_{sy}$,$U_{sy}$

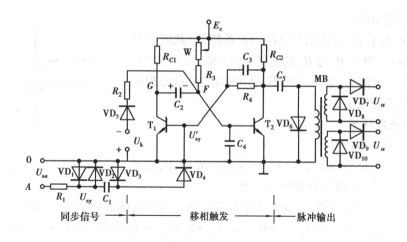

图 3.32 移相触发电路原理图

经微分后得一正脉冲 $U'_{sy}$，经 $VD_4$ 加到单稳态触发的 $T_1$ 基极，使触发器翻转进入暂态。同步脉冲形成过程如图 3.33(b)、(c)所示。

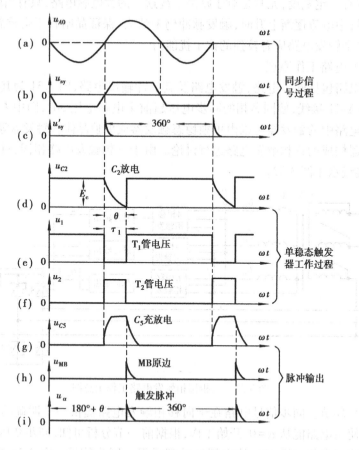

图 3.33 移相触发电路原理图

②移相触发电路。移相触发电路由单稳态触发器与 $U_k$ 控制回路构成。当不加控制信号 $U_k$，且不加同步信号 $U_s$ 时，单稳态触发器处于稳态，此时 $T_2$ 饱和导通，$T_1$ 处于截止。电容 $C_2$

经 $R_{C1}$、电源、$T_2$ 发射结充电，两端电压接近电源电压 $E_c$。极性如图 3.32 所示。当同步变压器输出电压 $u_{sa}$ 刚过零转正时，同步信号环节送出正脉冲 $u'_{sy}$，$T_1$ 基极为正，由截止转为导通，$G$ 点电位陡降至接近零。由于 $C_2$ 电位不能突变，于是在这一时刻，$F$ 点电位下降到 $-E_c$，迫使 $T_2$ 由导通转为截止。触发器翻转，进入暂态。由于假定此时未加控制信号 $U_k$（断开 $U_k$），$C_2$ 沿 $T_1$、电源内部、$W$ 和 $R_3$ 向电源放电，经过 $\omega t = \theta$ 角对应时间 $\tau_1$ 放电完毕。在整个放电过程中，$T_2$ 基极均处于负电位而处于截止状态；当放电结束后，$T_2$ 基极电位上升，$T_2$ 又转为导通，$T_1$ 截止，触发器恢复稳态，等待下一个同步信号。波形见图 3.33（d）、（e）、（f）。$C_2$ 的放电时间 $\tau_1$ 在忽略电源内阻、$T_1$ 的 $c$—$e$ 极内阻后，为

$$\tau_1 \approx 0.7(R_3 + W)C_2$$

当加入 $U_k$ 后，$U_k$ 的极性如图 3.32 所示。$U_k$ 的加入只改变 $C_2$ 的放电状态，从而改变了 $C_2$ 的放电时间，达到触发脉冲 $u_a$ 移相的目的。现将 $U_k$ 加入后，与 $C_2$ 放电相关路径图示于图 3.34（a）。$U_k$ 的极性如图所示，表示控制电压反相接入。图 3.34（b）为 $C_2$ 的放电特性曲线，图中曲线 1 为断开 $U_k$ 的特性，放电时间为 $\tau_1$。当加入 $U_k$ 为对应图示极性，在 $u_{c2} > U_k$ 的放电过程中，放电支路除原有的 $R_3$，$W$ 与 $T_1$ 经电源的第一条外，还有由 $G$ 点经 $T_1$，$U_k$，$VD_5$ 和 $R_2$ 回到 $C_2$ 的第二条，因而放电加速，如图 3.34（b）中曲线 2 所示。当 $u_{c2}$ 下降到 $u_{c2} \leq U_k$，即曲线 2 的 $a$ 点以后，第二条放电支路因 $U_k$ 这一反向电压而被阻断，放电又只能经第一支路继续，放电时间常数与 $U_k$ 断开时一致。于是放电转成曲线 2'，总的放电时间为 $\tau'_2$。由图可见，$\tau'_2 < \tau$。若 $U_k = 0$，$C_2$ 放电时始终有 $u_{c2} > U_k$，放电特性就为曲线 2 延到 $b$ 点，放电时间为 $\tau_2 < \tau'_2$。当 $U_k$ 转为正值，即图 3.34（a）中 $U_k$ 的符号变成上为"+"，下为"−"，则 $C_2$ 不仅沿两条支路同时放电，且 $U_k$ 起到负阻效应，更加速放电过程，对应有特性曲线 3，放电时间为 $\tau_3$。由此可见，$U_k$ 由负向正值变动时，放电时间 $\tau$ 由大变小，对应相位角 $\theta$ 也由大移到小，实现相位受 $U_k$ 控制移相的目的。

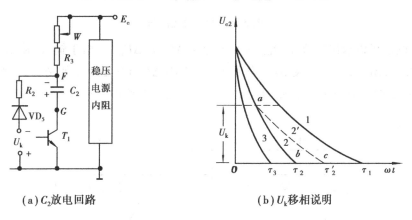

（a）$C_2$ 放电回路　　　　　　　　（b）$U_k$ 移相说明

图 3.34　控制信号移相原理说明

③脉冲输出电路。脉冲输出电路由图 3.32 中 $C_5$，$VD_6$、脉冲变压器 MB，$VD_7$，$VD_8$ 及 $VD_9$，$VD_{10}$ 组成。当触发器处于暂态，$T_2$ 截止时，$C_5$ 经 $R_{c2}$，$VD_6$ 迅速充电，在暂态终止，$T_2$ 重新导通时，$C_5$ 经 $T_2$ 向 MB 原边放电，产生电脉冲 $u_{MB}$，副边感应脉冲电压 $u_a$，$u_a$ 去触发相应的晶闸管。图 3.32 给出了两个相同的脉冲输出回路。作为主辅触发脉冲。各部分波形如图 3.33（g）、（h）、（i）所示。显然，$u_a$ 发出的时间恰好距同步信号 $u_{sy}$ 为 $C_2$ 的放电时间 $\tau$，因此改变 $U_k$，就改

变了 $U_a$ 发出的相位,实现移相触发。

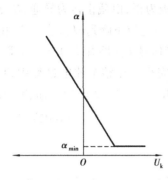

图 3.35 移相特性

### 3)移相触发环节的移相特性

移相特性也即是环节的输入输出特性。输出是指触发脉冲 $u_a$ 的相位角 $\theta$,为了更方便,也可将 $\theta$ 改为控制角 $\alpha$。$\alpha$ 与 $\theta$ 之差为固定常数,它们的变化规律是一致的。移相特性 $\alpha = f(U_k)$,如图 3.35 所示。特性曲线应能满足励磁系统的需要:强励时移相到 $\theta_{min}$,对应的 $\alpha_{min}$ 应起到强励要求。若是全控整流桥,在灭磁时 $\theta_{max}$ 对应的 $\alpha_{max}$ 应起到允许的逆变灭磁作用,正常工作范围应具有良好的线性关系。

$B$ 相、$C$ 相的移相触发电路与 $A$ 相相同,只是输入的 $\dot{U}_s$ 不同。

还可以有其他方式实现的移相电路,此处不再讨论。

### 3.4.3 自动调节励磁装置工作特性

在分析各环节工作特性后,本节讨论自动调节励磁系统在静态工作状态下各环节的综合与协调关系,从而了解自动调节过程。

#### (1)ZTL 系统的静态工作特性

励磁调节器与晶闸管整流桥的简化框图如图 3.36 所示。图中 $K_1$,$K_2$,$K_3$,$K_4$ 分别表示各环节的静态放大系统。各环节的输入与输出均采用增量表示。可控整流桥的输出可表示为励磁电流的增量 $\Delta I_f$ 或 ZTL 的输出电流增量 $\Delta I_{ZTL}$ 或励磁电压增量 $\Delta U_f$。

图 3.36 ZTL 简化框图

利用作图法可以求出调节器的静态工作特性 $\Delta I_f = f(\Delta U_G)$。由于输入、输出及中间变量共有 5 个:$\Delta U_G$,$\Delta U$,$\Delta U_k$,$\Delta \alpha$ 及 $\Delta I_f$。作图时,先求出 $\Delta U_k = f(\Delta U_G)$,如图 3.37 所示,再求出 $\Delta I_f = (\Delta U_G)$,如图 3.38 所示。在图中,为方便计,除 $\Delta U$ 保留增量形式外,其他量均省略了增量符号。

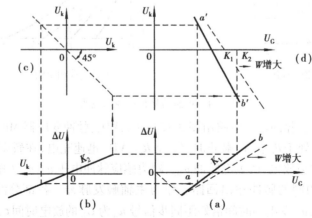

图 3.37 测量与放大环节合成工作特性

下面介绍各环节相互间的关系。

测量比较环节特性由式(3.16)重写成下式：

$$\Delta U = K_1(U_G - U_s) = K_1 \Delta U_G \qquad\qquad (A)$$

式中　$U_s$——发电机电压给定值。

特性见图3.37(a)。

综合放大环节特性改成图3.37(b)所示，在工作范围内有式(3.17)关系，改写如下：

$$\Delta U_k = K_2 \Delta U \qquad\qquad (B)$$

图3.37(d)为测量与放大两环节合成后的特性 $\Delta U_k = K_2 \Delta U = K_1 K_2 \Delta U_G$。重作于图3.38 (a)。移相触发环节的特性如图3.35所示，是非线性的，在工作范围内可认为是线性的，故有

$$\Delta \alpha = K_3 \Delta U_k \qquad\qquad (C)$$

其特性改示于图3.38(b)中。

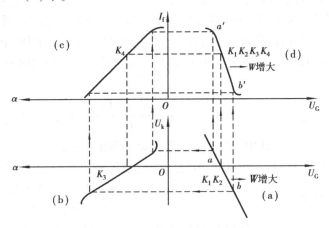

图3.38　励磁调节器静态工作特性

调节器的输出端接到励磁绕组，故输出电流的增量 $\Delta I_{ZTL}$ 也就是励磁电流的增量 $\Delta I_f$。设励磁绕组的电阻为 $R$，则在稳态下 $I_{ZTL}$ 与整流桥输出电压 $U_d$ 之间的关系为 $I_{ZTL} = U_d/R$，因此，$\Delta I_f = \Delta I_{ZTL} = f(\Delta \alpha)$ 的特性与 $U_d = f(\alpha)$ 的特性相似，有图3.38(c)形式，在工作范围内认为是线性的，为

$$\Delta I_f = K_4 \Delta \alpha \qquad\qquad (D)$$

综合(A)、(B)、(C)、(D)4式，得到调节器的静态工作特性 $\Delta I_f = f(\Delta U_G)$ 如下：

$$\Delta I_f = K_1 K_2 K_3 K_4 \Delta U_G = K \Delta U_G \qquad\qquad (3.18)$$

或者

$$K = \frac{\Delta I_f}{\Delta U_G} = \frac{\Delta I_{ZTL}}{\Delta U_G} \qquad\qquad (3.19)$$

式中　$K = K_1 K_2 K_3 K_4$——调节器的静态放大系数。

图3.38(d)示出了这一特性。在 $\Delta U = 0$，即 $U_G = U_s$ 附近，工作特性被认为是线性的。

**(2)具有 ZTL 装置的发电机外特性**

对于励磁调节而言，发电机的外特性在此是指发电机的无功电流 $I_r$ 与端电压 $U_G$ 的关系：$U_G = f(I_r)$，这也常称为电压调差特性。该关系不仅与 ZTL 的特性有关，且与励磁机、发电机的工作特性有关。这即是本节图3.38所示的励磁控制系统的静态工作特性。

为求取发电机的外特性，应先知道励磁电流 $I_f$ 与发电机无功电流 $I_r$ 的关系。在维持 $U_G$

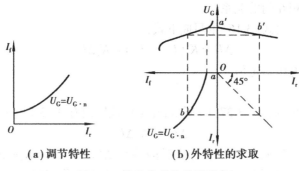

图 3.39　发电机外特性的形成

为一定值时的 $I_f=f(I_r)$ 称为发电机的调节特性。图 3.39(a)给出了使 $U_G$ 为额定值 $U_{G\cdot n}$ 时的调节特性。图 3.39(b)则是根据已知的励磁特性 $I_f=f(U_G)$ 与调节特性 $I_f=f(I_r)$ 作出外特性 $U_G=f(I_r)$,如图中 $a'b'$ 直线所示。外特性说明,发电机具有 ZTL 装置后,当无功电流 $I_r$ 变动时,发电机电压基本不变,达到自动调压的目的。但特性曲线又稍有下倾,下倾程度用调差系数 $\delta$(在 3.1 节中称为调差率)表示,这是具有 ZTL 装置的发电机外特性的一个重要参数。$\delta$ 可用下式定义:

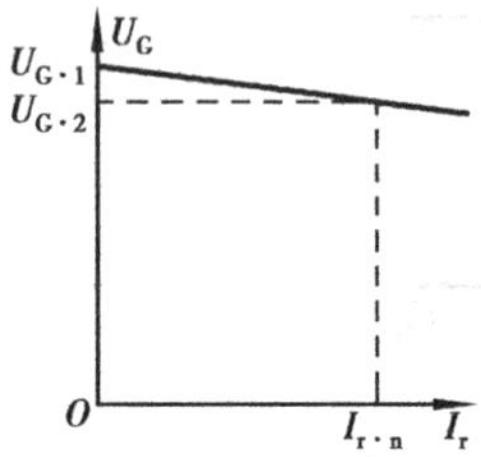

$$\delta = \frac{U_{G\cdot 1} - U_{G\cdot 2}}{U_{G\cdot n}} = U_{G\cdot 1*} - U_{G\cdot 2*} \qquad (3.20)$$

式中　$U_{G\cdot n}$——发电机端额定电压;

$U_{G\cdot 1}$,$U_{G\cdot 2}$——空载、额定无功电流时的发电机端电压(见图 3.40),一般令 $U_{G\cdot 2}=U_{G\cdot n}$。

图 3.40　调差系数定义说明

由调差系数的定义说,$\delta$ 表示了无功电流由零增至额定值时,发电机电压的相对变化。显然,$\delta$ 值越小,则电压变化也越小。可以推知,调节器的静态放大系数越大,$\delta$ 越小。但过大的放大系数将可能引起运行不稳定。

在运行中,可能要求发电机具有不同的调差系数,这是利用专门的调差环节来实现的。

### 3.4.4　励磁控制系统中的辅助控制

励磁调节器主要由测量比较、综合放大、移相触发 3 个基本单元组成。此外,还有若干重要辅助电路组成的辅助控制单元。这些辅助控制单元的输出均以综合放大单元输入回路方式加入相应辅助控制信号。它们的作用均体现在改变综合放大输出 $U_k$ 的大小上,以达到最后改变移相触发输出 $U_\alpha$ 的相位,从而达到应有的改变励磁的目的。

辅助控制有空载励磁过载限制、励磁延时限制、瞬时励磁电流限制、电压/频率限制、欠励磁限制等。多为限制性电路。具体电路较多,但有一共同特点,即设定一门槛值,在正常运行状态时未越限,各辅助电路均处于监测状态;当有某一非正常运行状态出现,且越限时,相应电路给出限制信号,使 $U_k$ 为一特殊值,达到按限制目的的控制励磁的要求。具体电路及功能均不再介绍。关于各种辅助控制的必要性及控制功能则在 3.6 节介绍微机型励磁调节器软件功能时再作说明。

# 3.5　励磁调节器静特性调整

与电网并联运行的发电机,为满足运行上的要求,要对自动励磁调节器的静态工作特性进行必要的调整。这些要求是:①保证并列运行发电机组间实现无功功率合理分配;②保证发电机在投入和退出运行时,平稳地转移无功负荷,而不发生无功功率冲击。

### 3.5.1　调差系数的调整

(1)调差特性

发电机的外特性由于调差系数的不同,可以有 3 种特性曲线,如图 3.41 所示。其中,$\delta > 0$ 称为正调差系数,其外特性下倾,即发电机的端电压随无功电流增加而下降;$\delta = 0$ 称为无差特性,端电压不受无功电流影响,电压恒定;$\delta < 0$ 称为负调差系数,特性上翘,发电机端电压随无功电流增大反而上升。

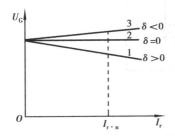

图 3.41　发电机不同的调差特性

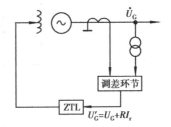

图 3.42　正调差系数的形成

不同的调差特性运用在不同的电网运行条件下,通过调差环节的调整,能得到不同的调差系数。通常,ZTL 的调差系数接线可将调差系数调整在 ±10% 以内。

(2)调差环节工作原理

为便于说明,图 3.42 中示出了具有 ZTL 的自动调节励磁系统框图,并将调差环节单独列框。

当无调差环节时,由前面讨论已知,调节励磁稳态时,有 $\Delta U = 0$,$U_G = U_s$,即机端电压为给定值(实际上稍有下倾)。当有调差环节时,测量比较环节接受的输入电压,即调差环节的输出电压为

$$U'_G = U_G + RI_r \qquad (3.21)$$

式中　$R$——调差环节中的可调电阻,称为调差电阻。

因此,测量环节的输出成为

$$\Delta U = K_1(U'_G - U_s) = K_1(U_G + RI_r - U_s)$$

调节稳态时,有

$$\Delta U = 0$$

$$U_G + RI_r - U_s = 0$$

即

$$U_G = U_s - RI_r \qquad (3.22)$$

可见,端电压随无功电流增大而下降,此时为 $\delta > 0$。若调差环节给出的是 $U'_G = U_G - RI_r$,则

可得到负调差系数。改变 $R$ 大小,可改变 $RI_r$ 之值,从而改变 $\delta$ 的大小,实现了特性 $\delta$ 的调整。

下面具体分析常见的一种调差环节接线。

如图 3.43 所示为正调差接线。图中 TV 为 Y/Y-12 接线,忽略电压互感器二次负载电流在调差电阻 $R$ 上的压降,在图中规定的正方向下,环节的输出电压分别为

$$\begin{cases} \dot{U}'_A = \dot{U}_A + \dot{I}_C R \\ \dot{U}'_B = \dot{U}_B \\ \dot{U}'_C = \dot{U}_C - \dot{I}_a R \end{cases} \tag{3.23}$$

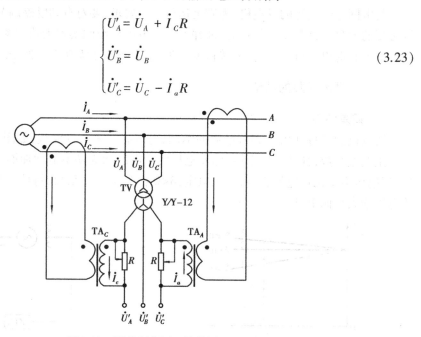

图 3.43　调差环节原理接线图

根据这一关系,作出当功率因数 $\cos\varphi=1$ 与 $\cos\varphi=0$ 时的矢量图,如图 3.44 所示。

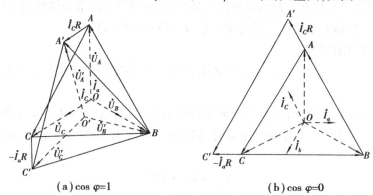

(a) $\cos\varphi=1$　　　　　　(b) $\cos\varphi=0$

图 3.44　调差环节矢量图

当 $\cos\varphi=1$ 时,各相为纯有功电流,由图 3.44(a)可见,电压 $\dot{U}'_A$,$\dot{U}'_B$,$\dot{U}'_C$ 虽较 $\dot{U}_A$,$\dot{U}_B$,$\dot{U}_C$ 有变化,但幅值基本不变,故认为调差环节不反映有功电流的变化。

当 $\cos\varphi=0$ 时,各相为纯无功电流,由图可见,输出的线电压三角形仍为正三角形,其大小随无功电流增长而增大。输出线电压 $U'_l$ 与输入线电压 $U_l$ 的关系为

$$U'_l = U_l + RI_l$$

符合式(3.21)。因此,图 3.43 给出了一个 $\delta>0$ 的正调差环节。改变 $R$,可获得适当的 $\delta$。

当 $0<\cos\varphi<1$,即正常运行情况下,发电机电流可分解为有功与无功两个分量,而该环节只反映无功分量的影响。

图 3.45 给出了接入具有正调差特性的调差环节后,外特性的变化情况。$\delta_0$ 表示未接入调差环节的特性,$\delta$ 表示接入调差环节后的特性。

由图 3.43 可见,将 $TA_C$ 与 $TA_A$ 副边接线反相,则式(3.23)中 $\dot{I}_C$ 与 $\dot{I}_aR$ 反号,可得到负调差特性。

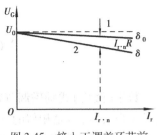

图 3.45　接入正调差环节前后的发电机外特性

### 3.5.2　调差特性的平移

发电机投入或退出运行,以及在运行中,要求能平稳转移无功负荷,不引起对电网的冲击,这是由外特性平移来实现的。

图 3.46 表示母线电压不变时,由一台并联于该母线的发电机的外特性平移来转移无功负荷的关系。若发电机的外特性为直线1,此时带负荷为 $I_{r1}$;将特性平移至直线2,则无功电流减小到 $I_{r2}$;若特性平移至直线3位置,则无功电流降为零。发电机平稳退出运行。同样,若发电机要平稳投运,应先在直线3位置,然后使特性向上平移,就可带上负荷。

调整测量比较环节中的电位器 $W$(见图 3.27)阻值,可以实现外特性的平移。图 3.37 与图 3.38 已分别表明 $W$ 值改变时 ZTL 特性变化的行为:当 $W$ 值增大时,$I_f=f(U_G)$ 的特性右移。图 3.47 示出了 $W$ 改变后,$I_f=(U_G)$ 移动,从而达到使外特性 $U_G=f(I_r)$ 平移的目的。$W$ 值增大时,外特性向上平移,反之,向下平移。

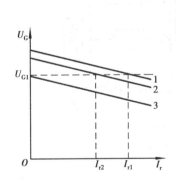

图 3.46　外特性平移调整无功电流

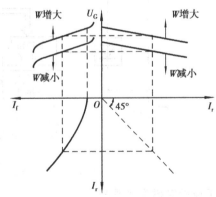

图 3.47　ZTL 特性与调节特性平移的关系

自动调节励磁系统是一个闭环反馈控制系统,因此,若降低了调节器的输入电压,则等于感受到发电机端电压下降,于是要加大励磁,从而使电压上升,实际上表现为外特性上升;反之,人为升高输入 ZTL 的电压,外特性下移。因此,通过调整测量比较环节的 $W$,就达到调整 ZTL 感受电压的效果,从而实现外特性的平移。

## 3.6 数字式励磁调节装置原理

数字(微机)式励磁调节装置的基本环节及组成的系统框图结构与半导体励磁调节器(即电子模拟式装置)是相似的,即基本单元仍是测量、主控(含调差)、移相触发单元。由于数字型装置在硬件系统基础上采集必要输入量后,利用丰富的软件功能,可以实现基本的励磁调节功能,还可以实现许多重要的辅助功能及综合控制功能。

本节介绍数字式装置的硬件系统及主要的软件功能及其原理。

### 3.6.1 数字式励磁调节装置的硬件构成

数字式励磁调节装置以一台工控机为核心,在此基础上,配置必要的输入输出设备,构成如图 3.48 所示的励磁调节装置硬件系统结构框图。受控对象设为一自励式励磁系统。整个系统包括测量、接口、同步和数字触发控制等单元。分述于后。

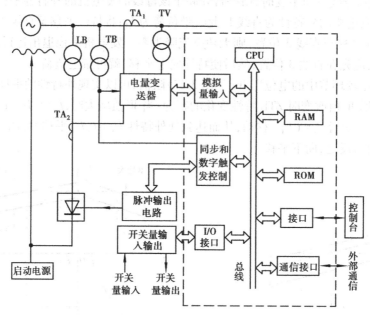

图 3.48　数字式励磁调节装置原理框图

**(1)工业控制微型计算机**

工控机是微机型励磁控制装置的核心。图 3.48 中虚线框图内为工控机。其中,CPU 与 ROM,RAM 通过总线构成主机。主机通过总线与 A/D、接口电路、I/O、定时/计数器等外设组成一个具有完整功能的硬件系统。

如图 3.48 所示,模拟量输入通道与励磁控制需要的被测量相关电路连接,构成测量单元。以定时/计数器为主,结合对同步变压器 TB 输出波形整形的整形电路(框图内未画出)构成同步数字触发控制(数字移相)单元。其输出作用于脉冲输出电路。

硬件系统有较多的 I/O 接口作为开关量的输入或输出的通道。在实现励磁的基本调节及辅助控制功能时,要了解当前机组的运行状态,故要输入必要的状态量,即开关量。这包括机组的断路器、励磁功率单元的励磁开关,灭磁开关状态量、一些保护的接点、控制台上的控制开关等。输出的开关量是脉冲控制量或警告信号等。

（2）测量单元

由电子式装置已知,为实现励磁控制,应测量发电机电压 $U_G$、电流 $I_G$、无功功率 $Q$（或无功电流 $I_r$）。必要时,还要测量励磁电流 $I_f$、发电机有功功率 $P$。数字式装置的测量环节同样需要采集 $U_G$、$I_G$、$Q$（或 $I_r$）、$P$ 及 $I_f$,甚至要测量频率 $f$。

已知利用微机检测模拟被测量有两种方法,即直流变送器法与交流采样法。前者将被测量经直流变送器变换成适合输入到微机 A/D 转换的直流电压量,再采样,则对于每一个被测量均应配置相应的直流变送器。而交流采样法只需对交流量的波形进行采样,许多电量可以通过计算求得。当今系统多采用交流采样法,在认定交流采样的条件下,装置通过 $TA_1$ 和 $TV$ 采集 $I_G$ 和 $U_G$ 波形。为防止电压互感器断线导致装置作出错误判断,图 3.48 中表示经同步变压器 TB 又给出电压 $U'_G$。通过软件计算,可以求解 $Q$（或 $I_r$）、$P$ 及 $f$。而励磁电流 $I_f$ 的测量可直接在晶闸管整流回路的直流侧进行检测,也可以在晶闸管整流回路交流侧检测。图 3.48 所示是对装于励磁变压器 LB 二次侧的 $TA_2$ 输出进行交流采样。经 $TA_2$ 测得的电流量经计算后得出直流侧的 $I_f$。

图 3.48 中,电量变送器在交流采样条件下,是指 TA,TV 输出经过的小型互感器（也可称为交流变送器）。它们将相应的 TA 或 TV 二次侧电量变换为适合输入到 A/D 的交流量。而模拟量输入通道包括多路转换开关、A/D 转换等外设电路。

在进入微机的模拟量输入通道之前的交流电量,一般还应经过低通滤波器,滤去次数较高、已不再计及的高次谐波。图 3.48 未画出滤波环节。

测量环节的 A/D 转换时间、转换精度应满足装置的要求。被采集的交流量在变换成数字量后,再经过标度变换（即乘系数）等预处理环节后,存入 RAM 供运用。

（3）同步和数字触发（移相触发）单元

移相触发单元是励磁控制装置的输出环节。

由电子式装置已知,移相触发单元将综合放大单元输出信号 $U_k$ 转换为一个与晶闸管触发脉冲控制角 $\alpha$ 有关的脉冲 $U_\alpha$,即 $\alpha = f(U_k)$ 是一线性关系。在数字装置中,没有综合放大单元。对应的是更为灵活、方便,功能更强,由软件实现的调节和控制算法（即运算的数学模型）。而移相触发是数字式的,故称为数字移相。数字移相接受调节和控制算法运算的结果,给出相应的 $U_\alpha$。

关于调节的控制算法,在软件一节内阐述。下面介绍移相触发单元的原理性结构及工作。

数字移相触发单元基本工作模式与模拟式装置相似。由同步电压信号产生、移相、触发脉冲形成等环节组成,可利用不同形式的电路与微机接口配合实现。下面介绍以定时/计数器（如 8253 芯片）为核心实现的数字移相触发原理。其三相电路原理性框图如图 3.49 所示。各环节工作原理分述如下。

1）同步电路及同步电压信号

图 3.49 中整形电路及非门构成三相同步电路。输入为加于晶闸管整流器的交流侧相电压。由于三相全控桥要求的同步信号为 6 个（每相两个）,故同步电压的输出相应为 6 个,分

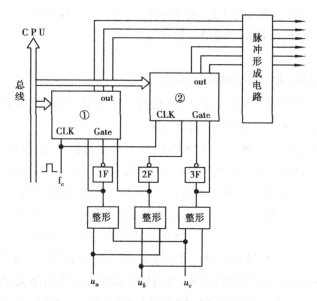

图 3.49　三相同步数字移相原理性框图

别作用于两片 8253 的 Gate 门控输入信号端口。

同步电压的产生可用图 3.50 波形图说明。由图可见,加于晶闸管整流器的相间电压(见图(b))$u_{sy}$过零点正是对应于某一相电压的自然换相点,也即是该相的 $\alpha=0$ 点。如图所示,$u_{ac}$过零点是 $A$ 相 $\alpha=0$ 点;$u_{ba}$过零点是 $B$ 相 $\alpha=0$ 点,而 $u_{ac}$过 $180°$时,则是 $-A$ 相的 $\alpha=0$ 点。以此类推,由图可见,将 $u_{ac}$,$u_{ba}$,$u_{cb}$整形,得方波 $S_{ac}$,$S_{ba}$,$S_{cb}$;将这 3 个方波经非门反相,得另 3 个方波 $-S_{ac}$,$-S_{ba}$,$-S_{cb}$。这 6 个方波的上升沿正好对应三相全控桥的 6 个 $\alpha=0$ 点,这也就是所需要的同步信号。图 3.50(c)、(d)给出了方波波形位置,而(e)图所示脉冲就是作用于 Gate 门的门控命令。由图可见,6 个脉冲的相别顺序是 $A$,$-C$,$B$,$-A$,$C$,$-B$,两个信号间间隔 $60°$,完全符合同步电压要求。

2)数字移相原理

数字移相电路接受移相控制信号,并将它转变为对应的 $\alpha$ 变化量。利用定时/计数器实现的移相原理如下:

在已知受控晶闸管交流电源的周期 $T$ 的条件下,触发晶闸管门极的脉冲控制角 $\alpha$ 可用延时 $t_{\alpha}$ 表示为

$$t_{\alpha} = \frac{\alpha}{360}T \tag{3.24}$$

经由调节和控制算法对当前测量的输入量进行计算后,给出移相控制量 $U_k$。对应于 $U_k$ 的数字量设为 $D$,经总线送入定时/计数器。用频率为 $f_c$ 的计数脉冲在同步信号送入后,读取 $D$,显然要求有

$$D = t_{\alpha}f_c = \frac{\alpha}{360}Tf_c \tag{3.25}$$

即同步信号给出后,在 $t_{\alpha}$ 时间内以频率为 $f_c$ 的速度计数完 $D$,于是有 $\alpha = \frac{360}{Tf_c}D$。

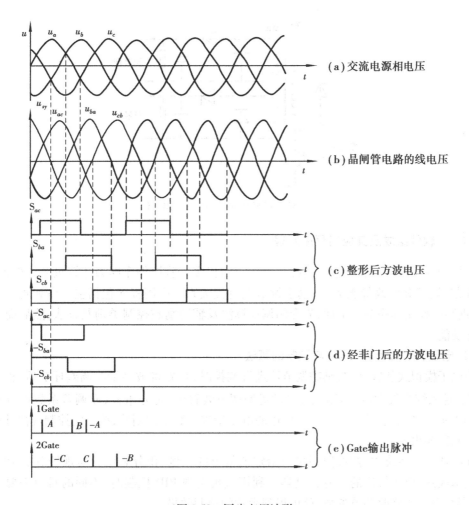

图 3.50 同步电压波形

这是以减法形式计数,当计数到零时,8253 芯片输出端输出低电平,对应的角度即为 α。

由于每隔 60°发出一个门控命令,故相应地,移相触发环节也依次间隔 60°发送一个控制角为 α 的脉冲。

3)脉冲形成及门极驱动电路

由数字移相输出的脉冲并不直接作用于晶闸管的门极,而是要经过一个由微分电路构成的脉冲形成电路,将移相输出的 6 个脉冲变为 6 个窄脉冲。这 6 个窄脉冲作用于门极驱动电路,使窄脉冲功率放大。放大后的脉冲在陡度、幅度及宽度上能与晶闸管门极触发水平相匹配,且与前面的微机部分隔离。

常见的门极驱动电路如图 3.51 所示,为双窄脉冲形式。由微分电路送到门极驱动电路来的窄脉冲经功率放大,并经脉冲变压器 MB 变换成两路脉冲输出。一路是主脉冲,触发对应同步信号确定的晶闸管门极。同时,还向前一臂(即对应另一侧共极性的已导通晶闸管)补送一触发脉冲(补脉冲)。例如,向 $S_1$ 晶闸管发主脉冲,则向 $S_6$ 发补脉冲。以此类推,这样,在发送触发脉冲时,是共阴极、共阳极侧各有一只晶闸管被触发,形成双脉冲触发,使晶闸管整流电路工作可靠。

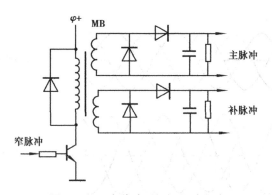

图 3.51 双窄脉冲型门极驱动电路

### 3.6.2 软件组成及其应用程序原理

微机励磁调节器的软件包括监控程序和应用程序。监控程序即为计算机系统软件,它为程序编制、调试和修改等服务,与励磁调节无直接关系。应用程序包括主程序和励磁调控算法、辅助励磁控制程序等。下面,先介绍调控算法及辅助励磁控制类别及方法,然后简要说明主程序功能。

**(1)电压调节量计算(调节与控制的算法)**

由电子模拟式装置已知,励磁调节器进行调控时,是先将被测量经调差环节后,得到 $U_G'$,再将 $U_G'$ 送入综合放大器。对应地,在微机型调节装置中,是先采样,而调差系数可方便地用软件编程实现,然后已计入调差系数作用的电压量进入数字控制器,按一定控制规律计算出需要的控制器输出 $U_k$。

在闭环控制系统中,按被控制量与给定值偏差的比例、积分和微分实现控制的 PID 控制器是技术成熟、应用较广的一种控制器。利用微机实现 PID 控制时,不同的对象需要不同的调节参数,只需要修改调节参数,就可得到满意的控制效果。

连续系统的 PID 控制已在自控原理中阐述,此处是阐述计算机离散系统中的 PID 算法。在阐述离散 PID 算法之前,先简单说明调差系数的计算。

1)调差计算

取已计算出的无功功率 $Q$(在标幺值条件下,$Q$ 与 $I_r$ 相同),给定调差系数 $\delta$,则进行以下计算:

$$U_G + \delta Q = U_G' \tag{3.26}$$

$U_G'$ 与给定的发电机电压值 $U_R$ 作比较,得出的偏差值送至控制器输入端口。

2)PID 控制算法

此处介绍离散系统的 PID 算法。可以由模拟 PID 算法离散化处理后得到该算法。必须说明,在电子模拟式调节器中综合放大器之前也常加入 PI 电路,构成 PI 调节。但参数调节困难,且运行中参数不能改变。对此不再给予说明。

图 3.52 给出了连续反馈控制系统具有 PID 控制时的结构框图。控制器的输入为偏差量 $e(t)$。

$$e(t) = r(t) - b(t)$$

对于励磁调节则有

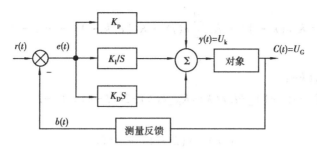

图 3.52　连续模拟系统 PID 调节示意图

$$e(t) = U_R - U'_G = \Delta U_G$$

当有 PID 控制时,控制器输出

$$y(t) = K_P\left[e(t) + \frac{K_I}{K_P}\int e(t)\,\mathrm{d}t + \frac{K_D}{K_P}\frac{\mathrm{d}e(t)}{\mathrm{d}t}\right] = K_P\left[e(t) + \frac{1}{T_I}\int e(t)\,\mathrm{d}t + T_D\frac{\mathrm{d}e(t)}{\mathrm{d}t}\right]$$

$$(3.27)$$

式中　$T_I = \dfrac{K_P}{K_I}$ 为积分时间常数;

$T_D = \dfrac{K_D}{K_P}$ 为微分时间常数。

在离散系统(计算机系统)中,用差分方程代替上面的微分方程,即将上面的运算变换为离散量计算,实际上就是以矩形积分来近似真实的积分。设采样周期为 $T_s$,则差分方程与微分方程对应的比例、积分和微分式如下:

$$\begin{cases} y(t) \approx y(kT_s) = y(k) \\ e(t) \approx e(kT_s) = e(k) \\ \int e(t)\,\mathrm{d}t \approx T_s\sum_{j=1}^{K} e(j) \\ \dfrac{\mathrm{d}e(t)}{\mathrm{d}t} \approx \dfrac{1}{T_s}[e(kT_s) - e(kT_s - T_s)] = \dfrac{1}{T_s}[e(k) - e(k-1)] \end{cases}$$

$$(3.28)$$

式(3.28)中,在确认 $T_s$ 后,将 $(kT_s)$ 均略写为 $(k)$。根据式(3.28),可直接写出对应式 (3.27)的离散 PID 的差分方程式为

$$y(k) = K_P\left\{e(k) + \frac{T_s}{T_I}\sum_{j=1}^{k} e(j) + \frac{T_D}{T_s}[e(k) - e(k-1)]\right\} + y(0)$$

$$= K_P e(k) + K_I\sum_{j=1}^{k} e(j) + K_D[e(k) - e(k-1)] + y(0) \qquad (3.29)$$

式(3.29)称为 PID 的全量式(或称位置式)算法。式中 $y(0)$ 为 $k=0$ 时对应的控制量,称为控制量基值。式中的 $K_I$ 与 $K_D$ 不等同于式(3.27)的 $K_I, K_D$,彼此间相差采样周期 $T_s$ 倍。

应用式(3.29)进行控制时,每一次均要对全部 $k$ 次采样值进行计算,计算量大。而实际上,控制过程总是在第 $k-1$ 次控制的基础上,进行第 $k$ 次控制。这是以 $k\sim(k-1)$ 次的增量来决定第 $k$ 次控制量,故可按以下方法求出增量式:

按式(3.29)求出

$$y(k-1) = K_P e(k-1) + K_I \sum_{j=1}^{k-1} e(j) + K_D [e(k-1) - e(k-2)] + y(0)$$

从而得控制增量

$$\Delta y(k) = y(k) - y(k-1)$$
$$= K_P [e(k) - e(k-1)] + K_I e(k) + K_D [e(k) - 2e(k-1) + e(k-2)] \tag{3.30}$$

于是,第 $k$ 次控制量为

$$y(k) = y(k-1) + \Delta y(k) \tag{3.31}$$

按增量式进行控制时,计算量小,且不产生累计误差,需内存较少。

在 3.3 节已说明,利用微机还可实现更好的调控算法。这已超出要求范围,在此不作介绍。

**(2)辅助控制功能**

发电机组除要求上述基本励磁控制功能外,在 3.4 节已指出,还应有若干辅助控制功能,尤其是大容量发电机组,这些辅助控制对于发电机及系统的安全运行十分重要。

辅助控制与正常励磁控制的区别在于,正常运行状态下,辅助控制不参与工作(或处于监控状态),只当某一特殊非正常运行状态出现时,与之相关的辅助控制才参与控制。

如 3.4 节所述,在模拟电子式调节器中,各种限制控制是由不同门电路来构成的。而在微机励磁系统则可只增加一些应用程序,不增加或很少增加硬件设备就能实现多种辅助控制。

主要的辅助控制有:瞬时励磁电流限制、最大励磁限制、最小励磁限制等。应用程序均是一种限制判别程序,判别运行的发电机励磁电流是否到了应进行限制的状态。当被限制参数越限,且经过一段延时后仍存在,则该限制程序发限制标志。计算机主程序流程进入下一次中断后检查是否有标志,有则执行相关限制,若无则进行正常励磁控制计算。下面简要说明几种限制性控制功能。

1)瞬时电流限制

大容量发电机要求高起始响应特性。如前所述,要求励磁系统能在 0.1 s 时间内达到额定励磁电压 $U_{f.e}$ 的 0.95 倍值。这可以大大改善励磁响应速度,但随之而来的是过大的励磁电流。长时间的大励磁电流将危及励磁系统安全,为此,设置瞬时电流限制。当顶值励磁电流达到设定的限值时,将使励磁电流被限制在发电机允许的范围内。可以设定多个定值以适应需要。例如,设定限值为 1.0,1.05,1.1 倍顶值。

2)最大励磁(强励)限制

因外部故障使发电机端电压下降到 80%~85% 时,发电机将强行励磁,励磁电流迅速增大。一般可达 1.6~2 倍额定励磁电流,并持续运行一段时间。但受机组转子发热限制,不允许强励时间超过规定值。因此,应设强励限制。

强励允许时间与强励电流的关系是一反时限特性,如图 3.53 所示。将这一曲线以对应数值关系存入存储器。通过查表法可确定强励电流及对应允许时间。励磁系统进入强励的同时,设置限制标志,并给出容许延时 $t_y$。$t > t_y$ 后,清除标志,并使励磁电流小于强励电流值。

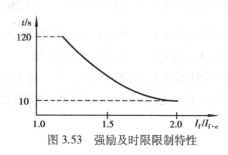

图 3.53 强励及时限限制特性

3）最小励磁(欠励磁)限制

在超高压系统中,低有功负荷时,由于电容电流引起的无功功率可能导致机组电压过高和进相运行,减小励磁电流将使机组吸收的无功功率增加,则定子端部合成磁通增大,形成端部发热。同时,进相运行是在欠励磁条件下,受静稳定极限的限制,励磁电流不能小于一定限值。即发电机原来在静稳定域内运行。若减小励磁,机组会由静稳定滑向不稳定区。因此,要设定最小励磁限制。

最小励磁限制的办法是在低有功负荷 $P$ 时,若进相无功功率 $Q_C$ 大于允值 $Q_{CM}$,则必须在短时间(一般不大于 0.2 s)内,将励磁电流限制在允许范围内。不同的 $P$ 值对应的 $Q_{CM}$ 值不一样。计算机可将 $P,Q_{CM}$ 对应数据存于存储器,以查表法对 $Q_C$ 实行控制和进行最小励磁限制。

4）电压/频率($U/f$)限制

电压与频率比值限制也称为磁通限制。由电压与磁通的关系式 $U=kf\Phi_m$ 可得 $\Phi_m=\dfrac{U}{Kf}=K'\dfrac{U}{f}$。在正常运行状态下,$U/f$ 维持在一定范围内,即最大磁通 $\Phi_m$ 在一定范围内。若 $U/f$ 增大到超过一定限值,表明 $\Phi_m$ 过大,会使发电机铁芯饱和过热,励磁电流过大,甚至烧坏励磁绕组,或者定子电压上升过高。当电压过高,频率过低时,与发电机连接的主变压器同样引起铁芯磁通饱和发热。导致 $U/f$ 增大的主要原因可能有以下几种情况:

①发电机甩负荷或解列后,去磁电枢反应减小,导致电压升高。

②系统性事故导致频率下降而电压仍较高。

③机组启动时,误投励磁,导致励磁电流过大,甚至烧毁励磁绕组。

以上事故或非正常状态下,均表现为 $U/f$ 异常增大,故应装设 $U/f$ 限制。

$U/f$ 限制可按以下方式实现:当 $U/f \geq$ 设定值时,启动并延时,若延时到时仍有 $U/f \geq$ 设定值,则晶闸管变流器转到逆变方式灭磁;若延时到时,$U/f$ 已小于定值,则清除标志。

5）发电机失磁监控

运行中的发电机全部或部分失去励磁电流,使机组磁场减弱或消失,这是发电机的失磁故障运行状态。引起失磁的原因可能是整流回路与励磁绕组之间的励磁开关误跳,励磁回路元件损坏、自动灭磁开关误动等。发电机失磁后,转速将加大,功角 $\delta$ 加大,发电机转入异步发电机方式在电力系统中运行。此时,发电机虽仍向系统送出有功功率,但要向系统吸取无功功率。汽轮发电机的异步功率较大,故在转入失磁异步运行时,调速器立即减小汽门,使汽轮机输出功率与发电机发出的异步功率平衡,在较小的滑差下稳定运行。水轮发电机的异步功率相对较小,要在较大滑差才能达到功率平衡,故水轮发电机一般不允许失磁运行。

失磁运行的发电机对系统及本身有以下不良影响:

①发电机失磁后,转子转速与定子旋转磁场不同步,从而在转子及励磁绕组上产生差频电流,不仅产生附加损耗,并引起发热。转差越大,发热越严重。

②异步运行时,发电机不仅不向系统输出无功功率,反而吸取无功功率。若系统无功储备不足,将使系统电压下降,严重时,可能导致系统电压崩溃。

③其他正常运行的发电机将增加无功功率输出,以平衡失磁机组导致系统对无功需求的增加,易造成这些机组过电流。

因此,在系统条件允许时,汽轮发电机运行一段时间(10~30 min),在此期间,技术人员及

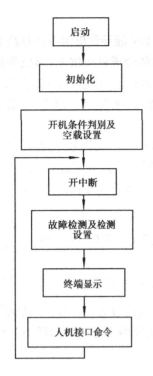

图 3.54　主程序流程图

调度人员采取措施处理故障或转移负荷,并尽量减小对系统运行和对用户供电的影响。

大容量机组的失磁对系统影响严重,且因其本身热容量较小,异步欠励磁运行能力差,因此,一般也不允许失磁运行。所以,要装设失磁保护。现代发电机组的励磁系统应装设失磁监视。微机励磁系统中,由相应应用程序完成该功能。

（3）**主程序流程**

当今微机监控系统均采用中断申请方式来执行系统应完成的各项任务。微机励磁系统也采用这一方式实现控制。即采样、电压调节、各种限制性辅助控制均以中断方式来实现。

主程序包括系统初始化、开机条件判别与设置、中断服务、故障检测等环节。不同厂家产品的主程序不完全相同,但基本程序及流程是相同的。图 3.54 给出了主程序流程的一般形式。对流程图说明如下:

1)初始化

微机励磁调节器接通电源启动后,在进入正式工作前,应对微机本体、外设、输入输出各部分进行初始状态设定,中断初始化、初始化完毕就表明调节装置已准备就绪,可进入调控状态。

2)开机条件判别及空载设置

初始化后,程序进入开机条件判别及空载设置。先判别是否有开机命令,若无开机命令,则检查发电机断路器状态,若断路器断开,表明发电机处于空载,程序进入空载设置,然后重新进行开机条件判别。若断路器为合闸状态,表明发电机已并网运行,转入下一步程序。若有开机命令,则不断反复查询发电机转速信号。转速达到额定值的 95%,表明开机条件满足,完成本程序,进入下一程序。

3)开中断

励磁调控及限制控制均由申请中断来进行,故完成开机程序后,就开中断,等待中断申请。当某个中断服务程序申请(有一中断信号出现),CPU 中断主程序的执行,转去执行该中断服务程序,中断程序执行完毕,返回继续执行主程序。

中断服务程序有以下 4 类:

①采样中断。定时采样时间到,申请中断,执行交流采样。

②过零中断或定时中断,调控程序及限制控制均按此中断方式申请服务。过零中断是指以交流波形过零点设置中断;定时中断则以固定时间设置中断。过零中断实为一种特殊的定时中断。若有限制控制时,将设置标志,定时到,读标志后就可进入相应限制控制。

③通信中断。控制室与调节器之间有信息交换时,先发送中断信号,认可后,实现通信。

④键盘中断。指技术人员与调节器之间借助键盘通信的中断。

4)故障检测及检测设置

在开中断后,无中断服务时,主程序进入故障检测程序,检查电源、晶闸管等故障,还包括软件故障检测及处理。本环节可以作为中断服务方式进行检测故障。

软件故障的处理以程序运行监视系统(即看门狗)实行,使整个系统复位,再重新开始执行程序。

5)终端显示与人机接口命令

励磁调节器的运行情况通过终端 CRT 显示。这是一个动态显示。

励磁调节器在调试时,要进行参数修改,或要在线调整一些系数,例如调差系数,故设计人机接口命令程序。

(4)**调节限制程序**

调节限制程序是一个定时中断服务程序。图 3.55 为一个应用于水轮发电机组的定时 30 ms 的调节限制中断服务流程图。

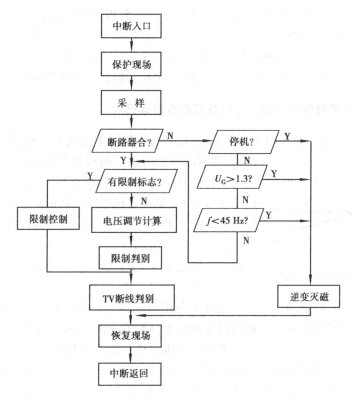

图 3.55　调节限制程序流程图

进入中断后,首先将当前工作的数据、专用寄存器的内容压入堆栈,即对现场的保护。然后采样,包括三相交流电压、电流,励磁电压、电流。采样后进行计算、预处理,存入存储器。最后,查询发电机断路器是否合闸,若为断开,则依次判断是否有停机命令,若无,判断电压是否大于额定电压(图中给出为 1.3 倍,是对应于水轮发电机在机组甩负荷后可能的电压升高),频率是否低于 45 Hz(或 46 Hz),若有以上条件之一,表明发电机在停机过程中,可进行逆变灭磁。若断路器为合闸状态,表明发电机组已并网运行。在进行电压调节计算之前,先查询有无限制励磁(强励限制、瞬时励磁电流限制、欠励磁限制等)标志。若无,才进入电压调节计算及控制(给出触发脉冲);若有标志,则转去执行相应限制。在执行电压调节及控制程序后,应查询 U/f 限制,并要查询强励时间是否到(限时判别)。程序最后转入对 TV 断线的判别。在一切正常条件下,弹出堆栈中保存数据,恢复现场,返回主程序。

关于限制程序,不再介绍。

应指出,为提高励磁调节器工作的可靠性,当今常采用双机系统工作方式的调节器,即有两套独立的模拟量输入、硬件系统及应用程序。两套数字式微机调节器一主一辅,可相互传递信息。其主程序比图 3.54 所示流程复杂,必须在开机后,确定主辅机过程应有信息传递、查询。但工作主要流程仍与图 3.54 相同。

## 3.7 并联运行机组间无功功率的分配

在同一母线上并联运行的几台发电机,若改变任一台机组的励磁电流,不仅影响该机组的无功电流,同时还影响到并联运行其他机组的无功电流,甚至引起母线电压的变化。这些变化与机组的外特性有关。因此合理调整机组的外特性,可以实现机组间无功负荷的合理分配。

下面以两台机组并联运行的情况进行分析。多机并联运行可仿照分析。

### 3.7.1 一台无差特性与一台有差特性机组并联运行

如图 3.56 所示,第一台发电机为无差特性,其特性如图中曲线 1 所示;第二台为正有差特性,如图中曲线 2 所示。两台机并联运行时,母线电压必等于无差特性对应的电压 $U_1$,并保持不变;第二台机组有确定的无功电流 $I_{r2}$,第一台机组则带负荷要求的总无功电流减去 $I_{r2}$ 的部分。当无功负荷变动时,第二台机组的无功电流保持不变,变动部分只由第一台机组承担。平移特性 2,可改变第二台机组的无功电流;平移特性 1,将改变母线电压及两台机的无功电流。

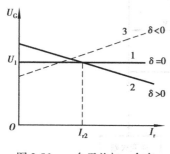

图 3.56 一台无差与一台有差特性机组并联运行

由以上分析可见,一台无差与一台正有差机组的并联,机组间无功功率分配不合理,故应少使用。

若第二台机组具有负有差特性,如图中特性 3。这种方式下,运行不稳定。因为任意因素使第二台机组输出无功电流增大,都将增加励磁电流,从而使发电机无功电流进一步增大,第一台机组则力图维持端电压,使励磁电流减小,无功电流也随之减小。这一过程一直进行到无功负荷全部转到第二台机组,这是一种不稳定运行。由此推论,具有负有差特性的机组不能在发电机母线上并联运行。

### 3.7.2 两台无差特性的机组并联运行

这是一种不能并联运行的方式。两台机组均为无差特性时,可能有两种情况:

①两条特性不重合,如图 3.57 所示。两台机组各有其电压整定值为 $U_1$ 和 $U_2$。因为 $U_1 \neq U_2$,两机组不能并联运行。

②两条特性重合,此时两机组无明确交点,无功分配是任意的,不合理。

### 3.7.3 两台正调差特性的机组并联运行

设两台具有正调差系数外特性的机组并联运行,特性如图 3.58 所示。若母线电压是 $U_1$,则两机组分别带有无功电流为 $I_{r1}$ 和 $I_{r2}$,具有确定的关系。若因某种原因,无功电流增大,于是母线电压下降,经过 ZTL 调节后,稳定在新运行点,对应母线电压为 $U'_1$,两台机组的电流增至 $I'_{r1}$ 与 $I'_{r2}$。各机组的无功电流增量为 $\Delta I_1$ 与 $\Delta I_2$,其和等于无功负荷电流增量。

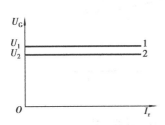

图 3.57  两台无差特性机组并联运行

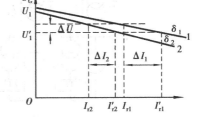

图 3.58  两台正调差特性机组并联运行

如果是负荷的无功电流减小,则有类似上述的反向调节过程。

可见,此时两机组能稳定并联运行,并可维持无功电流的稳定分配,其分配比例与调差系数有关。显然,理想的情况应是无功负荷按机组容量来分配,且无功电流的增量与机组容量成正比,即其增量与各自额定无功电流的比值相等。

设无功电流为零时机端电压为 $U_{G \cdot 0}$,额定无功电流为 $I_{r \cdot n}$ 时的端电压为 $U_{G \cdot n}$,则母线电压为 $U_G$ 时的无功电流对于正调差特性时为

$$I_r = \frac{U_{G \cdot 0} - U_G}{U_{G \cdot 0} - U_{G \cdot n}} I_{r \cdot n} \qquad (3.32)$$

用标幺值表示为

$$I_{r*} = \frac{-(U_G - U_{G \cdot 0})/U_{G \cdot n}}{(U_{G \cdot 0} - U_{G \cdot n})/U_{G \cdot n}} = -\frac{\Delta U_{G*}}{\delta} \qquad (3.33)$$

对应于电压由 $U_1$ 变到 $U'_1$,则可以得机组的无功电流增量的标幺值为

$$\Delta I_{r*} = -\frac{\Delta U_*}{\delta} \qquad (3.34)$$

由式(3.34)可见,当发电机在公共母线上并联运行时,若系统无功负荷波动,机组的无功电流增量与电压偏差成正比,与该机组的调差系数成反比。要使并联机组的无功电流增量按机组容量分配,则要求各机组具有相同的调差系数,即两机的外特性相同。如果 $\delta$ 不相同,则 $\delta$ 小的机组承担的无功电流增量大。

为了使无功电流分配稳定,调差系数不宜过小。

### 3.7.4  发电机经升压变压器并联运行

发电机经升压变压器在高压母线上并联运行的状况如图 3.59 所示。根据前述,要求在高压母线上两组 G-T 接线组呈现的外特性应是具有正有差特性,才能保证两机组的无功负荷分配是稳定的。当机组容量及性能相同时,若 $\delta$ 相同,则无功分配合理。

由于变压器 T 具有电抗 $X_T$,当流过无功电流 $I_r$ 时,高压母线上的电压为

$$\dot{U} = \dot{U}_G - j\dot{I}_r X_T \qquad (3.35)$$

$\dot{U}$ 与 $j\dot{I}_r X_T$ 同相位。若 $U_G = f(I_r)$ 是正调差特性,则 $U = f(I_r)$ 将可能具有过大的 $\delta$,使高压母线电压随 $I_r$ 变动大。为此,可使 $U_G = f(I_r)$ 具有负调差特性或无差特性,如图 3.59(b) 中曲

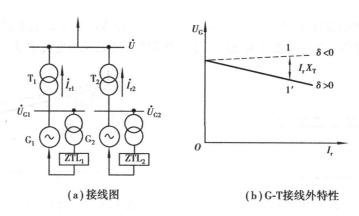

(a) 接线图      (b) G-T接线外特性

图 3.59 两台机组各自经升压变压器后并联运行

线 1 所示, 则在高压母线上有正的调差特性, 如曲线 1′。1 与 1′ 曲线的差值正好是变压器压降。合理选择负调差能得到满足运行要求的高压母线电压的外特性。为使两接线组的无功负荷分配合理, 设两台变压器的标幺电抗值相同时, 则两机组应有相同的负调差系数。一般情况下, 可取 $\delta$ 为 $-2\% \sim -4\%$。

**例 3.1** 某电厂有两台发电机在公共母线上并联运行, 额定功率均为 200 MW, 额定功率因数都是 0.85, 励磁调节器的调差系数为 $\delta_1 = 0.04, \delta_2 = 0.05$。若系统无功负荷波动, 使电厂无功增量为两机组总无功容量的 20%, 问各机组承担的无功负荷增量是多少? 母线电压变化量是多少?

**解** 一号机的额定无功功率为

$$Q_{n1} = P_{n1} \tan \varphi_1 = 200 \tan(\arccos 0.85) = 123.95 \text{ Mvar}$$

二号机的额定无功功率为

$$Q_{n2} = Q_{n1} = 123.95 \text{ Mvar}$$

因为无功功率与对应无功电流标幺值相同, 故由图 3.58 可得总的无功功率变化量为

$$\Delta Q_{\sum *} = (\Delta Q_{1*} \cdot Q_{n1} + \Delta Q_{2*} \cdot Q_{n2})/(Q_{n1} + Q_{n2})$$

$$= - \Delta U_* \left( \frac{Q_{n1}}{\delta_1} + \frac{Q_{n2}}{\delta_2} \right) / (Q_{n1} + Q_{n2})$$

$$= - \Delta U_* / \frac{Q_{n1} + Q_{n2}}{\dfrac{Q_{n1}}{\delta_1} + \dfrac{Q_{n2}}{\delta_2}}$$

$$= - \Delta U_* / \delta_{\sum}$$

等值调差系数    $\delta_{\sum} = \dfrac{Q_{n1} + Q_{n2}}{\dfrac{Q_{n1}}{\delta_1} + \dfrac{Q_{n2}}{\delta_2}} = \dfrac{2 \times 123.95}{\dfrac{123.95}{0.04} + \dfrac{123.95}{0.05}} = 0.04$

母线电压变化值    $\Delta U_* = - \delta_{\sum} \Delta Q_{\sum} = - 0.04 \times 0.2 = - 0.008\ 9$

各机组无功增量    $\Delta Q_{1*} = - \dfrac{\Delta U_*}{\delta_1} = \dfrac{0.008\ 9}{0.04} = 0.22$

$$\Delta Q_1 = \Delta Q_{1*} \times Q_{n1} = 27.54 \text{ Mvar}$$

$$\Delta Q_{2*} = - \frac{\Delta U_*}{\delta_1} = \frac{0.008\ 9}{0.05} = 0.178$$

$$\Delta Q_2 = \Delta Q_{2*} \times Q_{n2} = 22.04 \text{ Mvar}$$

可见,同容量的发电机,调差系数小的机组承担的无功负荷增量较大。

## 3.8　励磁调节系统动态特性概述

前几节讨论了自动调节励磁系统的工作原理与静态特性。对于一个反馈控制系统还应了解其动态性能,即在任何原因引起被控制量 $U_G$ 变动后,励磁系统是否稳定;调节过程中的超调量、调节时间及振荡次数等是否满足要求。其中稳定性是首要问题。

本节对励磁系统的自动控制过程动态特性作简要讨论。

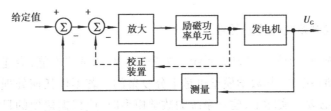

图 3.60　励磁控制系统结构框图

将图 3.19 励磁控制系统框图改如图 3.60 所示。同步发电机是控制对象,励磁调节器是控制器。励磁功率单元为执行环节,图中虚线连接的校正装置为改善系统特性而设。

### 3.8.1　对励磁系统动态指标的要求

与任何自动控制系统相同,励磁系统满足稳定性的前提下,还应达到一定的动态指标。3.1中讲到的励磁电压上升速度应是一项动态指标。图 3.61 给出了在额定转速、空载条件下,被控制量 $U_G$ 对阶跃输入的典型响应曲线。据此,有动态指标如下:

1)上升时间 $t_r$

上升时间指响应曲线自10%稳定响应值上升到90%响应值时所需的时间。有时也取为稳态响应值从零上升到100%时对应的时间。

2)超调量 $M_P$

调节过程中,发电机端电压瞬时最大值 $U_M$ 与稳态值 $U_0$ 之差对稳态值之比的百分数,称为超调量 $M_P$,即

$$M_P = \frac{U_M - U_0}{U_0} \times 100\%$$

3)调节时间 $t_s$

从输入阶跃信号响应值与稳态值之差 $\varepsilon$(见图 3.61)调节到不再超过稳态值的2%(有时给定为5%)所需的最小时间,称为调节时间。

有技术规定为:当电压给定阶跃响应±10%时,被调发电机电压的超调量应不大于阶跃量的50%,摆动次数不超过 3 次,$t_s$ 不应超过 10 s;在发电机零起始升压时,$M_P$ 不超过额定值的15%,摆动不超过 3 次,$t_s$ 应小于 10 s。

对不同的发电机组,以上指标的限值可以有不同的规定。

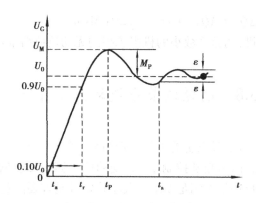

图 3.61　励磁系统零起升压阶跃输入响应曲线

### 3.8.2　励磁控制系统的传递函数

　　励磁控制系统是一个复杂的动态系统。为分析系统的某些性能,应建立该系统的数学模型。一个复杂的动态系统,其数学模型也是十分复杂的。若不作任何处理来求取系统的数学模型,既困难也无必要。实际上,建立系统的数学模型时,应根据建模的目的及系统的结构和工作条件作一些合理的假设,使得到的数学模型的物理概念清晰,而数学式简化,并能满足分析问题的需要。因此,同一动态系统作不同的研究分析时,得出的数学模型可能是不完全相同的。作为分析励磁控制系统动态性能为目的的数学模型,相对于其他目的,其简化较少,以使由此模型推论的结果较精确。对系统动态性能的分析,是以发电机为空载状态来讨论的,因为此时的稳定裕量低。此外,在分析励磁系统时,认为转速为额定不变。

　　系统的数学模型以传递函数表示,这是一个增量算式。建立复杂系统数学模型的方法仍是先列写出组成系统各环节的模型,最后再合成,得到系统的模型。

　　下面,根据图 3.60,讨论各基本环节及整个系统数学模型的建立,以及求取各环节及系统的传递函数。

**（1）同步发电机的传递函数**

　　发电机是励磁控制系统的被控制对象,其输入为励磁电压 $U_f$,输出为发电机端电压 $U_G$。发电机是一个非线性环节,不作简化来求其传递函数很复杂。当发电机在空载运行状态,对非线性系统的空载特性线性化后,可得到发电机线性化传递函数为一个一阶环节：

$$G_g(s) = \frac{U_G(s)}{U_f(s)} = \frac{K_{g0}}{1 + T'_{d0}S} \tag{3.36}$$

式中　$K_{g0}$——发电机空载时的放大系数;

　　　$T'_{d0}$——发电机空载时的时间常数,$T'_{d0} = L_f/R_f$,$L_f$,$R_f$ 分别为励磁回路的电感和电阻。

**（2）励磁功率单元的传递函数**

　　励磁功率单元有多种类型,择要介绍如下。

　　1)直流励磁机

　　直流励磁机分自励式和他励式,两者的传递函数不同。现以他励式为例说明其传递函数的推导过程。

　　由图 3.9 可见,他励式励磁机的输入量为副励磁机的输出电压及励磁调节器 ZTL 的输出电流$I_{ZTL}$。在励磁调节过程中,认为副励磁机的输出不变,故输入变量只为$I_{ZTL}$。而$I_{ZTL}$由 ZTL 输出电压作用于附加励磁绕组产生。因此,认为他励式的输入量为调节器的输出电压,并由此得图 3.62 所示的简化原理图。图示的输入电压$U_E$即为等效 ZTL 输出电压,输出为$U_f$,作用于发电机励磁绕组时,有他励式的传递函数为

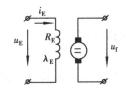

图 3.62　他励式励磁机简化原理图

$$G_E(s) = \frac{U_f(s)}{U_E(s)}$$

下面推导$G_E(s)$。

环节的输入回路(励磁机励磁回路)有微分方程成立:

$$\frac{\mathrm{d}\lambda_E}{\mathrm{d}t} + R_E i_E = u_E \tag{3.37}$$

式中　$\lambda_E$——励磁机励磁回路磁链;

$\quad \lambda_E = N\Phi_E$;

$\quad N$——绕组匝数;

$\quad \Phi_E$——与$N$交链的磁通;

$\quad R_E$——励磁机励磁回路电阻;

$\quad i_E$——$U_E$作用下输入回路的电流。

将$\lambda_E = N\Phi_E$代入式(3.37),得

$$N\frac{\mathrm{d}\Phi_E}{\mathrm{d}t} + R_E i_E = u_E \tag{3.37'}$$

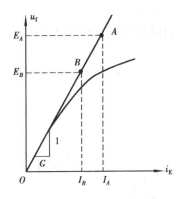

图 3.63　励磁机的饱和特性曲线

在输出端,当转速恒定时,输出电压$u_f = K\Phi$。但$\Phi = f(i_E)$是非线性关系,故$u_f = f(i_E)$是非线性关系,如图3.63所示,呈现为饱和特性。对于非线性饱和特性,有两种处理方法:一种是在工作点,以过工作点的切线斜率表示对应输出输入比值(一阶近似关系);另一种则是以一饱和系数来计入饱和情况。现讨论计入饱和系数的方法。图3.63中,直线$OA$与饱和特性曲线在原点相切,$OA$可认为是励磁机气隙磁化曲线。设正常励磁电压为$u_f = E_B$,若磁路不饱和,只要求$i_E = I_B$,因为饱和,需要$I_A$;$I_A - I_B$是由饱和特性引起的增量,用饱和系数$S_E$来表示饱和的影响,定义如下:

$$S_E = \frac{I_A - I_B}{I_B} \tag{3.38}$$

于是

$$I_A = (1 + S_E)I_B \tag{3.39}$$

并有

$$E_A = (1 + S_E)E_B$$

显然,$S_E$随运行点而改变,即$S_E$与运行点之间为一非线性关系。在正常励磁调节范围内,可用一线性函数近似。设励磁机气隙特性的斜率为$1/G$(见图3.63),则励磁机的励磁电流$i_E$与输出电压$u_f$之间有以下关系:

$$i_E = Gu_f$$

计入饱和后,有

$$i_E = G(1 + S_E)u_f \tag{3.40}$$

设气隙中磁通为 $\Phi_a$,在恒定转速下,

$$u_f = k\Phi_a \tag{3.41}$$

式中 $k$——常系数。

但是,$\Phi_E$ 在穿过气隙时有漏磁 $\Phi_l$,且漏磁通与 $\Phi_a$ 成正比。显然有

$$\Phi_E = \Phi_a + \Phi_l = \sigma\Phi_a \tag{3.42}$$

式中 $\sigma$——分散系数,一般取 $\sigma = 1.1 \sim 1.2$。

利用以上各式,可以求出励磁机传递函数。将式(3.40)、式(3.41)、式(3.42)代入式(3.37′),得

$$\frac{N}{K}\sigma\frac{du_f}{dt} + R_E Gu_f + R_E GS_E u_f = u_E$$

整理后有

$$T_E\frac{du_f}{dt} + (K_E + S'_E)u_f = u_E \tag{3.43}$$

式中 $T_E = N\sigma/K$,

$K_E = R_E G$,

$S'_E = R_E GS_E$。

对式(3.43)作拉氏变换后,可求出励磁的传递函数为

$$G_E(s) = \frac{U_f(s)}{U_E(s)} = \frac{1}{T_E s + K_E + S'_E} \tag{3.44}$$

对应结构框图如图3.64所示。这是一个具有比例反馈的一阶惯性环节。

自励式励磁机的传递函数与他励式类似,也是一个具有饱和特性的一阶惯性环节。

2)交流励磁机

交流励磁机为中频发电机,其输出经三相整流电路后,成为 $u_f$ 加于发电机励磁绕组。其等效电原理图如图3.65所示,$u'_f$ 为未经过整流器的输出。

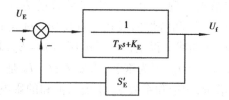

图3.64 他励式励磁机结构框图

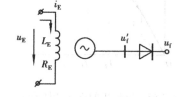

图3.65 交流励磁机等效电路原理图

交流励磁机同样有磁路饱和问题,且因为要提供发电机励磁电流,故交流励磁机是处于带负荷工作状态。将发电机励磁绕组视为恒定电阻负荷,交流励磁机的磁饱和特性曲线如图3.66所示。此外,交流励磁机输出还有整流回路,故其分析比直流励磁机复杂。

下面暂不考虑整流器,并忽略电枢反应过程,先对交流励磁机本体作分析,之后再计入整流器作用及电枢反应影响。

①忽略电枢反应的交流励磁机。

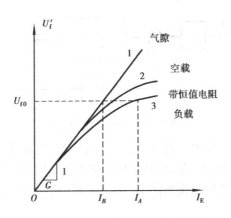

图 3.66　交流励磁机饱和特性曲线

此处,转子回路直接用 $L_E$,$R_E$ 表示,则励磁回路有微分方程式成立:

$$L_E \frac{di_E}{dt} + R_E i_E = u_E \tag{3.45}$$

仿直流励磁机,由饱和特性有输出输入关系:

$$Gu_f'(1 + S_E) = i_E \tag{3.46}$$

式中　$S_E$——负荷为恒值电阻时的饱和系数;

　　　$G$——其含义同直流励磁机,$1/G$ 为气隙特性斜率。

将式(3.46)代入式(3.45),整理后可得

$$G(1 + S_E) \frac{L_E}{R_E} \frac{du_f'}{dt} + G(1 + S_E) u_f' = \frac{1}{R_E} u_E \tag{3.47}$$

再对上式处理,得

$$T_E \frac{du_f'}{dt} + S_E' u_f' = K u_E \tag{3.47'}$$

式中　$T_e$——交流励磁机时间常数,与饱和程度有关,且

$$T_E = G(1 + S_E) \frac{L_E}{R_E} = G(1 + S_E) T_e$$

　　其中　$T_E = L_E/R_E$——不饱和时间常数;

　　　　　$S_E'$——等效饱和系数,$S_E' = G(1 + S_E)$;

　　　　　$K$——交流励磁机增益,$K = \frac{1}{R_E}$。

由式(3.47')进行拉氏变换后,按传递函数定义,可求出交流励磁机本体传递函数为

$$G_E(s) = \frac{U_f'(s)}{U_E(s)} = \frac{K}{T_E s + S_E'} \tag{3.48}$$

其结构方框图如图 3.67 所示。为简化式子,可设 $K = 1$。

$U_f'$ 经整流器后,就成为加于发电机的励磁电压 $U_f$。

②加入整流器及考虑电枢反应后的说明

对于一般的励磁系统,尤其是强励时电压响应比不太高的系统,整流器换流压降及电枢反应影响,均以修改 $S_E$,使之包含这两个因素。故图 3.67 中将 $U_f'$ 改为 $U_f$ 即为完整的交流励磁

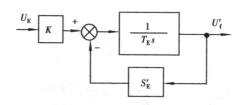

图 3.67 交流励磁机结构框图

机结构框图,而此时之 $S'_E$ 应是修改过的、已计入上述因素的饱和系数。对于高响应比系统,电枢反应的动态过程、换相过程均应计及,故其结构框图比图 3.67 所示复杂。这类系统称为 AC-1 模型,该模型分别考虑了电枢反应与换相作用。对于该模型不再介绍,读者可参考有关书籍。

3) 可控整流器

晶闸管可控整流电路是半导体自励式励磁系统的励磁功率单元。单元的输入为交流电源电压 $u$ 与移相控制脉冲 $u_\alpha$。设 $u$ 不变,则输出的直流平均电压 $U_d$(也即是加到发电机励磁绕组的 $U_f$)只与 $u_\alpha$ 出现的时刻(即 $\alpha$ 大小)有关。$U_d$ 与 $\alpha$ 角之间为纯滞后关系。

现以单相全控桥工作过程的简要回顾来说明 $U_d$ 与 $\alpha$ 的关系。相关电路及波形如图 3.68 所示。设某一瞬间,控制角为 $\alpha$ 的触发脉冲 $u_\alpha$ 作用于整流桥上已加有正向电压的晶闸管(设为 $S_1$,$S_2$)的控制极,则该管导通。当为感性负荷时,已导通管子只在同侧另一管子导通(在 $\pi+\alpha$ 时刻,$S_3$,$S_4$ 受触发导通),因而承受反向电压作用才关断(如为纯阻负荷,则在加于已导通管的交流电压过零时关断)。在晶闸管导通期间,下一个正半周到来之前,对导通管控制极给任何新的 $U_\alpha$ 控制均不起作用。这表明整流桥输出电压 $U_d$ 不再受控制角 $\alpha$ 变动的影响,也即是 $\alpha$ 对 $U_d$ 的控制作用有一个延滞过程,以延滞时间 $\tau$ 说明。$\tau$ 不是一个固定值,它与整流桥线路、交流电源频率有关。定义滞后时间为

$$\tau_z = \frac{T}{m} = \frac{1}{mf}$$

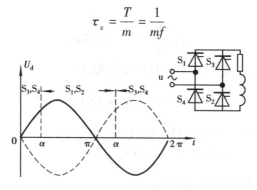

图 3.68 单相全波可控整流输出与 $\alpha$ 角的关系

式中 $f$——交流电源频率;

$m$——整流桥在一个控制周期中的控制相数。

例如,单相全控桥 $m=2$,$\tau_z = 10$ ms($180°$);三相全控桥 $m=6$,$\tau_z = 3$ ms($60°$);等等。

根据以上讨论,可得到晶闸管可控整流器的输入输出方程为

$$u_d = K_z u_\alpha(t - \tau_z) \tag{3.49}$$

对式(3.49)进行拉氏变换,有

$$U_d(s) = K_z U_\alpha(s) e^{-\tau_z s} \tag{3.50}$$

于是,可以得到可控整流器的传递函数为

$$G_z(s) = \frac{U_f(s)}{U_d(s)} = \frac{U_d(s)}{U_\alpha(s)} = K_z e^{-\tau_z s} \tag{3.51}$$

在实际应用中,常将延滞环节用泰勒级数展开,取其一阶近似值,则得

$$G_z(s) \approx \frac{K_z}{\tau_z s + 1} \tag{3.52}$$

即,以一个一阶惯性环节来近似延滞环节。

以上讨论中,忽略了整流器的整流变压器的动态过程。故可视为一比例环节,其作用可认为已包含于 $K_z$ 取值中。

**(3)励磁调节器的传递函数**

励磁调节器有电子型与微机型两类。

1)电子型励磁调节器的传递函数

电子型调节器由测量比较、综合放大、功率放大输出单元组成。分环节介绍其传递函数。

①电压测量比较单元的传递函数。测量比较单元由调节器的测量变压器、整流滤波电路、比较桥以及调差环节、电压互感器组成。对该单元的要求是快速反映电压变化,时间常数应小,但整流滤波电路及变压器总有一定延时,总的效应可用一阶惯性环节近似表示其动态特性。

单元的输入为发电机端电压 $U_G$,输出为比较桥的输出电压 $\Delta U = U_c$,故传递函数为

$$G_r(s) = \frac{U_c(s)}{U_G(s)} = \frac{K_r}{1 + T_r s} \tag{3.53}$$

式中　$K_r$——电压比例系数;

　　　$T_r$——电压测量比较电路的时间常数。

②综合放大单元的传递函数。综合放大单元的输入为 $U_c$,输出为限幅放大电路的输出电压 $U_K$。综合放大是用运算放大器实现的,认为是一阶惯性环节。传递函数为

$$G_a(s) = \frac{U_K(s)}{U_c(s)} = \frac{K_a}{1 + T_a s} \tag{3.54}$$

式中　$K_a$——电压放大系数;

　　　$T_a$——放大单元的时间常数。当采用运算放大器时,$T_a \approx 0$。

由于输出电压要受到限幅,因此有

$$U_{K\min} \leqslant U_K \leqslant U_{K\max}$$

于是,传递函数框图如图 3.69 所示。图中右侧方框表示上、下限幅。

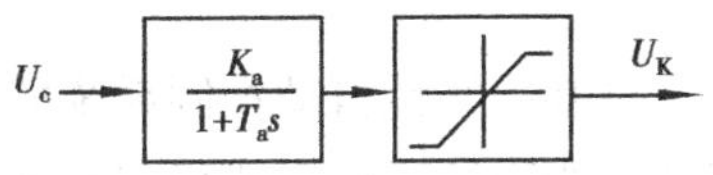

③功率放大单元的传递函数。功率放大单元的输入为 $U_K$,输出即为 $I_{ZTL}$。包括触发电路在内,功率放大单元也认为是一阶惯性环节。其传递函数为

图 3.69　综合放大单元框图

$$G_P(s) = \frac{I_{ZTL}(s)}{U_K(s)} = \frac{K_P}{1 + T_P s} \tag{3.55}$$

式中　$K_P$——功率放大系数;

$T_P$——功率放大单元的时间常数。

一般情况下,$T_P$ 值很小,因此,往往将式(3.54)与式(3.55)合并为一个近似的一阶惯性环节,并以式(3.54)的形式表示,此时,$K_a$,$T_a$ 已包含了功率放大单元的放大作用与延时。

2)微机型励磁调节器传递函数

已知微机型调节器由其测量与控制电路以及相应接口电路组成硬件系统,并配合相关应用软件实现调节器功能。

测量部分仍由 TV,TA 提供被测信号,因 TV,TA 的电磁惯性,故测量回路仍可用一阶惯性环节表述。而调节器的输出电路同样也可用一阶惯性环节描述其动态行为。当然,它们的时间常数、放大系统各不相同,且与电子型的不同。在输出环节上,若时间常数很小,则可用比例环节表示。因此,后面关于调节器的传递,不论是电子型还是微机型,均用一个一阶惯性环节表示测量比较,用另一个一阶惯性环节表示调节器的输出特性(对于电子型,这包含了综合放大动态特性)。

(4)励磁控制系统的传递函数

将已知的单元传递函数按图3.60组成整个励磁控制系统的框图,如图3.70所示。本图对应发电机为空载状态。图中,励磁功率单元认为是他励式励磁机,调节器为电子型,并认为未加校正装置。

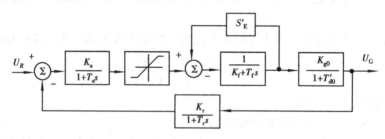

图 3.70 励磁控制系统的传递函数框图

作为简单分析,略去励磁机的饱和特性与限幅,则可以直接写出系统的传递函数如下:

$$G_c(s) = \frac{U_G(s)}{U_R(s)} = \frac{G(s)}{1 + G(s)H(s)} = \frac{G_a(s)G_e(s)G_g(s)}{1 + G_a(s)G_e(s)G_g(s)G_r(s)}$$

$$= \frac{K_a K_{g0}(1 + T_r s)}{(1 + T_a s)(1 + T'_{d0} s)(1 + T_r s)(K_f + T_f s) + K_a K_{g0} K_r} \tag{3.56}$$

### 3.8.3 励磁控制系统的稳定性

已知一线性自动控制系统的传递函数后,可根据其特征方程式,利用稳定判据来确定其稳定性。当系统不稳定或稳定裕度不满足要求时,则可加入校正装置,以改善系统的稳定性。不同的校正装置可以起到不同的校正作用。

由于发电机空载状态时稳定性能低,故以发电机在空载时作为分析励磁控制系统稳定性时的工况。对系统的稳定性分析可以有多种方法,下面用算例来说明系统的稳定性。

设一励磁控制系统的传递函数框图如图3.70所示,不考虑饱和影响,有关参数如下:

$T_a = 0 \text{ s}$    $T_f = 0.69 \text{ s}$    $T_{g0} = 8.35 \text{ s}$    $T_r = 0.04 \text{ s}$

$K_f = 0.8$    $K'_{d0} = 1$    $K_r = 0.5$    $K_a$ 待定

**（1）用劳斯判据讨论稳定性**

所给参数中,未确定放大单元的放大系数 $K_a$,用劳斯判据可以分析在保证系统稳定时的一个未知数的允许范围。

将已知数据代入式（3.56）,并得出系统的特征方程式为

$$\Delta(S) = 1 + H(s)G(s)$$
$$= (1 + T_a s)(K_f + T_f s)(1 + T_r)(1 + T'_{d0} s) + K_a K_{g0} K_r$$
$$= 0.23 s^3 + 6.057 s^2 + 7.402 s + (0.8 + 0.5 K_a)$$

列写劳斯阵列表如下:

| $S_3$ | 0.23 | 7.402 |
|---|---|---|
| $S_2$ | 6.057 | $0.8 + 0.5 K_a$ |
| $S_1$ | $7.37 - 0.02 K_a$ | 0 |
| $S_0$ | $0.8 + 0.5 K_a$ | 0 |

为使系统稳定,必须有

$$7.37 - 0.02 K_a > 0$$

及

$$0.8 + 0.5 K_a > 0$$

整理得　　　$-1.6 < K_a < 368.5$

即当放大系数在 $-1.6 < K_a < 368.5$ 时,系统稳定,但不能确定稳定裕量。

**（2）用 Bode 图讨论稳定性**

利用系统的开环频率特性的对数坐标图,即 Bode 图来分析系统的稳定性,是一种常用的方法,而且可以通过试验求取系统的频率特性,故有实用性。从 Bode 图上不仅能看出闭环系统是否稳定,还能知道稳定裕量大小,并能方便地提出改善办法。

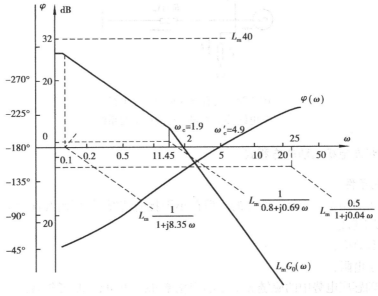

图 3.71　某励磁控制系统的 Bode 图

为了用 Bode 图来分析稳定性,各单元参数应先给出。仍用上例讨论,此时设放大器的放大系数 $K_a = 40$。作励磁控制系统的开环频率特性 Bode 图如图 3.71 所示。

由作出的 Bode 图可见,在 $K_a = 40$ 时,系统是稳定的,开环幅频特性 $L_m G_0(\omega)$ 的剪切频率 $\omega_c$ 约为 2,相频特性的剪切频率 $\omega_c'$ 约为 5。对应有一定的稳定裕量,相位裕量约为 30°,幅值裕量约为 16 dB。若裕量不符合要求,可直接在图上作校正图。本节不再讨论。

## 3.9　自动励磁调节系统对电力系统稳定性的影响

在本章第一节概述了励磁系统能提高同步发电机并联运行的稳定性。本节对此进一步讨论,并只介绍对静态稳定的影响。

在电力系统中,同步发电机在正常情况下是并联地同步运行的。各发电机均以相同转速(标幺值相同)运行,各转子间具有允许的相角差。当系统受干扰后,机组转子间的相角差有一个机电振荡过程;若振荡为衰减,则系数保持稳定,反之,若振荡不衰减,甚至振幅增大,则系统不稳。这一基本概念符合前述的静态与暂态稳定。

合适而良好的励磁控制系统能提高电力系统的稳定性,这是励磁系统作用于同步发电机,影响动态特性来达到的。因此,本节先给出同步发电机动态方程式,再扼要介绍励磁系统对同步发电机的影响,并简述电力系统稳定器(PSS)改善电力系统稳定性的概念。

### 3.9.1　分析电力系统稳定性的模型

在讨论电力系统稳定性问题时,为了简单起见,一般以一台同步发电机经过等值阻抗为 $R_e + jX_e$ 的输电线路接于无限大母线($U$ 不变),且有地区负荷 $Z_L$,如图 3.72 所示。这即是定性分析系统稳定性时的模型。

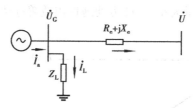

图 3.72　具有地区负荷的发电机
经输电线接至无限大母线的电力系统

### 3.9.2　同步发电机的动态方程式

**(1)线性化条件**

同步发电机的动态行为是非线性的。但在小干扰的情况下,可用线性化方程表示。在线性化时,还有以下假定:

①忽略饱和效应;

②忽略定子电阻;

③在 d,q 轴感应电势中的磁链 $\lambda_d$,$\lambda_q$ 的变化率 $d\lambda_d/dt$,$d\lambda_d/dt$ 可忽略;

④认为角速度 $\omega$ 变化不大,即 $\omega \approx \omega_0$,$\omega_0$ 为同步角速度,故转子转动时的感应电势

$\omega\lambda \approx \omega_0\lambda$。

按以上假定后,可以得到合理的、突出主要电量关系的动态方程。在讨论电力系统稳定性时,发电机的动态行为由电磁关系与转子运动及其电磁转矩的关系两部分来表征,即要计及整个机电暂态过程。

**(2) 同步发电机的动态方程组**

给出同步发电机动态方程式时,对参数均采用标幺值表示。同时,定子电流以相应的 $\dot{I}_d$, $\dot{I}_q$ 替代。同步发电机处于动态过程中时,通过分析暂态电势的增量 $\Delta E'_q$、电磁转矩的增量 $\Delta M_e$、发电机端电压的增量 $\Delta U_G$、角速度增量 $\Delta \omega$ 及转子相位角增量 $\Delta \delta$,就能了解同步发电机的动态行为。因此,可由表征上述状态的 5 个独立方程式来说明发电机的动态过程。

由于同步发电机的动态方程式的推导是专门的一项课题,本课程不予讨论,只给出必须的结论,以供分析励磁系统对电力系统的影响。以下列出同步发电机的动态方程组:

$$\begin{cases} \Delta E'_q = \dfrac{K_3}{1 + K_3 T'_{d0}s}\Delta E_{de} - \dfrac{K_3 K_4}{1 + K_3 T'_{d0}s}\Delta\delta \\[2mm] \Delta M_e = K_1 \Delta\delta + K_2 \Delta E'_q \\[2mm] \Delta U_G = K_5 \Delta\delta + K_6 \Delta E'_q \\[2mm] \Delta\omega = \dfrac{\Delta M_m - \Delta M_e}{T_j s} \\[2mm] \Delta\delta = \dfrac{\omega_0}{s}\Delta\omega \end{cases} \qquad (3.57)$$

式中　$\Delta E_{de}$——转子端电压 $U_{fd}$ 在定子侧的等值电势 $E_{de}$ 的增量;

　　　$T'_{d0}$——定子绕组与直轴阻尼绕组均开路时,励磁绕组的时间常数;

　　　$\Delta M_m$——原动机的机械转矩的增量;

　　　$T_j$——转子的惯性时间常数;

　　　$K_1$——在恒定的转子 d 轴磁链下,即 $E'_q = E'_{q0}$ 不变,当转子相位角有小变化时,引起的电磁转矩变化,$K_1$ 称为同步转矩系数:

$$K_1 = \left.\frac{\partial M_e}{\partial\delta}\right|_{E'_q = E'_{q0}}$$

　　　$K_2$——在恒定的转子相位角下,相应于 d 轴磁链小的变化所引起的电磁转矩变化的系数,$K_2$ 称为磁场磁通转矩系数;

$$K_2 = \left.\frac{\partial M_e}{\partial E'_q}\right|_{\delta = \delta_0}$$

　　　$K_3$——与初始状态无关的阻抗系数;

$$K_3 = \frac{X'_d + X_e}{X_d + X_e}$$

　　　$K_4$——当 $E_{de}$ 不变时,转子相位角变化引起的转子磁链的变化,即引起的 $E'_q$ 的变化,系数 $K_4$ 为电枢反应系数;

$$K_4 = \left.\frac{1}{K_3}\frac{\Delta E'_q}{\Delta\delta}\right|_{\Delta E_{de} = 0}$$

$K_5$——在恒定的 d 轴磁链下,相应于小的转子角变化时,引起的发电机端电压变化的系数,故称 $K_5$ 为功角差电压系数;

$$K_5 = \frac{\partial U_G}{\partial \delta}\bigg|_{E'_q = E'_{q0}}$$

$K_6$——在恒定的转子相角下,相应于小的 d 轴磁链变化引起的发电机端电压变化的系数,称 $K_6$ 为磁场磁通电压系数。

$$K_6 = \frac{\partial U_G}{\partial E'_q}\bigg|_{\delta = \delta_0}$$

式(3.57)中,$K_1 \sim K_6$ 各参数与负荷及发电机工况的关系简述如下:$K_1$,$K_2$,$K_4$ 与 $K_6$ 在任意有功、无功负荷下均为正值。$K_3$ 只与外接阻抗 $R_e + jX_e$ 有关,与发电机工况无关。当有功负荷较大时,即 $\Delta\delta$ 增大时,$K_5$ 将由正变负。当发电机经远距离与系统连接,重载时此时功角较大,$K_5$ 就可能为负。

根据式(3.57)可以得出同步发电机动态时传递函数框图,如图 3.73 所示。

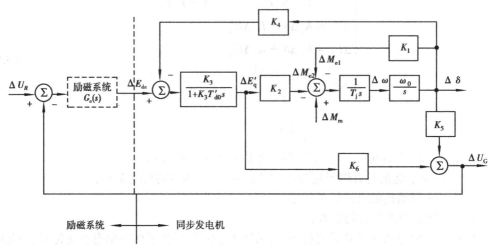

图 3.73　经外阻抗接于无限大母线的同步发电机的传递函数

### (3)同步发电机的固有特性

同步发电机动态特性中的固有特性是指励磁不变,即 $\Delta E_{de} = 0$ 的条件下,发电机本身固有的动态特性。据此,图 3.73 可简化为图 3.74(图中的 $D$ 为机械阻尼,它有利于机组的稳定。讨论固定特性时,为突出特性,暂不考虑其影响),则有以机械转矩 $\Delta M_m$ 为输入,$\Delta\delta$ 为输出的发电机传递函数为

$$\frac{\Delta\delta(s)}{\Delta M(s)} = \frac{(1 + K_3 T'_{d0}s)\omega_0}{(T_j s^2 + K_1\omega_0)(1 + K_3 T'_{d0}s) - K_2 K_3 K_4 \omega_0}$$

其特征方程式为

$$(T_j s^2 + K_1\omega_0)(1 + K_3 T'_{d0}s) - K_2 K_3 K_4 \omega_0 = 0$$

整理得

$$s^3 + \frac{1}{K_3 T'_{d0}}s^2 + \frac{K_1\omega_0}{T_j}s + \frac{\omega_0}{T_j K_3 T'_{d0}}(K_1 - K_2 K_3 K_4) = 0$$

运用劳斯判据,可得同步发电机稳定运行的必要条件是

$$\begin{cases} K_1 - K_2 K_3 K_4 > 0 \\ K_2 K_3 K_4 > 0 \end{cases} \tag{3.58}$$

式(3.58)的物理意义解释如下(以下论述中,在不影响理解的条件下,传递函数式的$(s)$均省略):

分析发电机固有特性,实为认定输入不变($\Delta M_m = 0$)时,分析电磁功率 $M_e$ 随负荷导致的功角变化而变化的行为。此时,对应图 3.74,显然有 $\Delta M_e = \left( K_1 - \dfrac{K_2 K_3 K_4}{1+K_3 T'_{d0}s} \right) \Delta \delta$。认为系统在 $\Delta \delta$ 变化时,有一阻尼振荡,频率为 $\omega_d$。故以 $s = \mathrm{j}\omega_d$ 代入上式,得

$$\begin{aligned} \Delta M_e &= \left( K_1 - \frac{K_2 K_3 K_4}{1 + \mathrm{j} K_3 T'_{d0}\omega_d} \right) \Delta \delta \\ &= K_1 \Delta \delta - \frac{K_2 K_3 K_4}{1 + K_3^2 T'^2_{d0}\omega_d^2}\Delta \delta + \mathrm{j}\frac{\omega_d K_2 K_3^2 K_4 T'_{d0}}{1 + K_3^2 T'^2_{d0}\omega_d^2}\Delta \delta \\ &= K_1 \Delta \delta + \Delta M_{s1} + \mathrm{j}\Delta M_{D1} \end{aligned} \tag{3.59}$$

式中　$\omega_d$——由转子的转动惯量决定的阻尼振荡频率;

$\Delta M_{s1}$——由电枢反应产生的同步转矩增量;

$\Delta M_{D1}$——与 $\Delta \delta$ 相差 90°的阻尼转矩增量,超前时为正阻尼,滞后时为负阻尼。

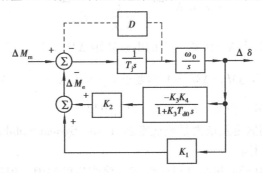

图 3.74　不计 ZTL 时同步发电机的传递函数框图

由式(3.59)可见,在有 $\omega_d$ 频率振荡时,希望 $\Delta M_{D1}$ 具有正阻尼,$K_2$,$K_3$ 总是为正,故表示电枢反应的 $K_4 > 0$,有正阻尼。故有 $K_2 K_3 K_4 > 0$ 这一条件时,使系统有正阻尼。在稳定或 $\omega_d$ 很小时,由式(3.59)又可见,$\Delta M_s$ 式中可略去 $K_3^2 T'^2_{d0}\omega_d^2$,则当电磁转矩 $K_1 \Delta \delta$ 大于电枢反应转矩 $K_2 K_3 K_4 \Delta \delta$ 时,系统才能真正稳定。否则,当 $K_1 < K_2 K_3 K_4$ 时系统单调不稳定,故必须有 $K_1 - K_2 K_3 K_4 > 0$。

### 3.9.3　自动励磁调节系统对电力系统稳定性的影响

(1)ZTL 对电力系统静态稳定性的影响

在讨论电力系统静态稳定性问题时,相对于同步发电机,可将 ZTL 的动态过程简化为一个等效的一阶惯性环节 $G_e$:

$$G_e(s) = \frac{K_e}{1 + T_e s}$$

故在有 ZTL 作用时,图 3.73 中表示励磁系统的虚框以 $G_e$ 代替。在 $G_e$ 作用下,有 $\Delta E_{de} > 0$,由图

111

3.73 可以看出,增加的 $\Delta E'_q$ 为

$$\Delta E'_q = -(K_5\Delta\delta + K_6\Delta E'_q)\frac{K_3}{1 + K_3 T'_{d0}s} \cdot G_e$$

整理后得

$$\Delta E'_q = -\frac{K_3 K_5 G_e}{1 + K_3 K_6 G_e + K_3 T'_{d0}s}\Delta\delta$$

于是,有电磁转矩增量为

$$\Delta M_e = K_2\Delta E'_q = -\frac{K_2 K_3 K_5 G_e}{1 + K_3 K_6 G_e + K_3 T'_{d0}s}\Delta\delta \tag{3.60}$$

在实际条件下,$G_e$ 的 $T_e$ 较小,可略去,则 $G_e \approx K_e$,以此代入式(3.60),并采用讨论固有特性的方法,以 $s = j\omega_d$ 代入式(3.60),整理后可得

$$\Delta M_e = \left[-\frac{K_2 K_3 K_5 K_e(1 + K_3 K_6 K_e)}{(1 + K_3 K_6 K_e)^2 + K_3^2 T'^2_{d0}\omega_d^2} + j\frac{K_2 K_3^2 K_5 K_e T'_{d0}\omega_d}{(1 + K_3 K_6 K_e)^2 + K_3^2 T'^2_{d0}\omega_d^2}\right]\Delta\delta$$
$$= \Delta M_{s2} + j\Delta M_{D2} \tag{3.61}$$

在 $\omega_d$ 很小时,

$$\Delta M_{s2} \approx \frac{-K_2 K_3 K_5 K_e}{1 + K_3 K_6 K_e}\Delta\delta = \frac{-K_2 K_5}{\dfrac{1}{K_3 K_e} + K_6}\Delta\delta \approx \frac{-K_2 K_5}{K_6}\Delta\delta$$

显然,有 ZTL 作用时,当 $K_5 > 0$,则产生的电磁转矩 $\Delta M_{s2}$ 是减小稳态同步转矩,要使机组稳定,考虑到 $\Delta M_{s1}$ 条件,应有 $\Delta M_{s1} + \Delta M_{s2} > 0$,即要求 $K_1 - K_2 K_3 K_4 - \dfrac{K_2 K_5}{K_6} > 0$。若 $K_5 > 0$,则 $\Delta M_{D2}$ 为正阻尼,有利于消除 $\omega_d$ 振荡。若 $K_5 < 0$,则 $\Delta M_{D2}$ 为负阻尼。

**(2)电力系统的低频振荡及电力系统稳定器(Power System Stabilizer,PSS)的概念**

1)低频振荡产生的原因

现以计入机械阻尼 $D$ 后的机组来讨论低频振荡产生的原因。根据式(3.59)及式(3.61),计及 $D$ 的作用,可得出同步发电机稳定运行的条件为

$$\begin{cases} \Delta M_s = K_1\Delta\delta + \Delta M_{s1} + \Delta M_{s2} > 0 \\ \Delta M_D = D\Delta\delta + \Delta M_{D1} + \Delta M_{D2} > 0 \end{cases} \tag{3.62}$$

但由式(3.61)可知,若 $K_5 < 0$,且在 ZTL 作用下,而 $K_e$ 较大时,$\Delta M_{D2}$ 可以为较大的负阻尼,并可能使 $\Delta M_D < 0$,导致系统产生低频振荡。而 $K_5 < 0$ 是出现在与发电机相连的远距离输电线路处于重负荷时。根据以上分析,对于系统产生低频振荡的原因可归结如下:

在远距离输电线路重负荷时,采用通常的按电压偏差进行比例调节的 ZTL,由于励磁控制系统存在惯性,这种调节方式提供的励磁电流有时滞,其滞后相位使本应衰减的振荡角度反而加大,即出现负阻尼。当这一负阻尼足够大,就形成持续的低频振荡。

2)电力系统稳定器(PSS)的作用及工作原理

从产生低频振荡原因已知,是因为按比例调节的励磁调节器响应滞后,即具有惯性而引起的。而励磁调节器是发电机组必具的,以维持电压水平的重要设备。因此,应要求 ZTL 在保证维持电压的基本功能的同时,又要能消除负阻尼效应,使系统不产生低频振荡。

可采用的办法是给出一个装置,它能产生足够大的正阻尼转矩,即产生一个附加的正的电

磁转矩 $\Delta M_D$,或者能产生一个附加的机械阻尼转矩 $\Delta M'_m$。能产生 $\Delta M_D$ 的装置为电力系统稳定器(PSS),而能产生 $\Delta M'_m$ 的是直接控制调速器,以达到控制转速(从而控制 $\omega$ )的调速器电力系统稳定器(Governor PSS,GPSS)。但 GPSS 至今未形成完备的装置。下面介绍 PSS 工作原理。

PSS 实际是励磁控制系统中的一个补偿网络。其输入信号为 $\Delta\omega$。设 PSS 的传递函数为 $G_p(s)$,通过这一网络,使励磁系统产生一个期望的附加电磁转矩。具有 PSS 后的励磁控制系统及发电机结构框图如图 3.75 所示。由图可见,在忽略测量电压 $\Delta U_G$ 的测量环节影响(因 $T_r$ 小,$K_r$ 的作用可归并于其他环节,则 $\dfrac{K_r}{1+T_r s}\approx 1$ )时,则由 PSS 产生的电势增量 $\Delta E'_q$ 为

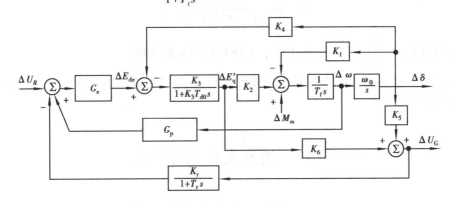

图 3.75　具有 PSS 的励磁系统及发电机框图

$$\Delta E'_q = \frac{K_3 K_e}{1 + K_3 T'_{d0} s}( G_p \Delta\omega - K_6 \Delta E'_q )$$

上式中,$G_e$ 以 $K_e$ 代替,对上式整理后,得

$$\Delta E'_q = \frac{K_3 K_e G_p}{1 + K_3 K_e K_6 + K_3 T'_{d0} s}\Delta\omega$$

于是,由 PSS 产生的附加电磁转矩为

$$\Delta M_{e\cdot p} = \frac{K_2 K_3 K_e G_p}{1 + K_3 K_e K_6 + K_3 T'_{d0} s}\Delta\omega \tag{3.63}$$

对应的阻尼转矩可将 $s = j\omega_d$ 代入,整理后,取虚部可得

$$\Delta M_{D\cdot p} = j\frac{K_2 K_3^2 T'_{d0}\omega_d G_p}{(1 + K_3 K_6 K_e)^2 + K_3^2 T'^2_{d0}\omega_d^2}\Delta\omega \tag{3.64}$$

$\Delta M'_{D\cdot p}$ 的输入是 $\Delta\omega$ 而非 $\Delta\delta$,$\Delta\delta = \dfrac{\Delta\omega}{s}$ 为一积分过程。要使 $\Delta M_{D\cdot p}$ 为正阻尼,则其相位应超前 $\Delta\delta$ 90°。由式(3.64)可见,这只能使 $G_p$ 为超前环节才能达到此目的。

由上述分析可得,PSS 是一超前环节,它直接反应 $\Delta\omega$ 的变化,$\Delta M_{D\cdot p}$ 补偿励磁调节器因相位滞后而产生的负阻尼,从而使系统不产生低频振荡,又保证了 ZTL 的正常功能,提高了电力系统的稳定性。PSS 的传递函数 $G_p$ 一般具有以下形式:

$$G_p = \frac{1}{a}\left(\frac{1 + aTs}{1 + Ts}\right)^n \tag{3.65}$$

式中　$a>1$；

　　$n$——大于或等于 1 的整数，一般取 $n=2$。

　　式（3.65）为典型的超前环节传递函数，它起到了实际比例微分的效果，也即是实现了超前补偿。有了良好的 PSS 后，发电机的功角极限可提高到 $110° \sim 120°$。

　　对于 $G_p(s)$，应要求有足够大的增益，使 $\Delta M_{D \cdot p}$ 足够大。此外，PSS 应有复位环节。即要求只当有低频振荡时，PSS 才起作用。而系统稳定运行时，不希望 PSS 起作用影响 ZTL 的正常功能，这可在上述传递函数的基础上加一实际微分环节来实现。于是，PSS 实际的传递函数具有以下更一般的形式：

$$G_p = K_P \frac{T_1 s}{1 + T_1 s} \left( \frac{1 + aTs}{1 + Ts} \right)^n \tag{3.66}$$

实际微分环节 $\dfrac{T_1 s}{1 + T_1 s}$ 的存在，使 PSS 在系统稳定时不起作用。

　　对于微机型励磁调节器，PSS 的数学模型及功能，均以相应应用软件来实现，且可以有更好的控制算法。

# 3.10　同步发电机的灭磁

　　当同步发电机内部发生故障时，虽然继电保护能快速地把发电机与系统断开，但故障点仍存在。发电机还在旋转时，励磁电流产生的感应电势仍继续持故障电流，这将可能导致导线熔化和绝缘损坏。如果对地故障电流足够大，还会烧坏铁芯。因此，当发电机内部故障，在继电保护动作使发电机跳闸的同时，应快速灭磁。

　　本节讨论对灭磁的基本要求，灭磁的基本方式。

### 3.10.1　概述

**（1）灭磁的含义**

发电机灭磁，就是把转子励磁绕组中的磁场储能通过某种方式尽快地减弱到可能小的程度。最简单的方式是将励磁回路断开，但因励磁绕组电感很大，突然断开将会在绕组两端造成危险的过电压。因此，实用方法是在断开励磁绕组与励磁电源回路的同时，将一个电阻接入励磁绕组，让磁场储能迅能耗尽。整个过程由自动灭磁装置来实现。

**（2）对自动灭磁装置的要求**

①灭磁时间应尽可能短。为减小故障范围，要求灭磁时间尽可能短。一般按发电机定子绕组电势降低到接近零所需的时间来评价各种灭磁方法的优劣。

②当灭磁开关断开励磁绕组时，励磁绕组两端产生的过电压不超过允许值 $U_m$，通常 $U_m = (4 \sim 5) U_{f \cdot n}$，$U_{f \cdot n}$ 为额定励磁电压。

③灭磁装置动作后，发电机定子剩余电势不足以维持电弧。剩余电势应不大于 $150 \sim 200 \text{ V}$。这样小的电势下，加上电枢反应影响，可使短路电流过零后，电弧就能熄灭。

④灭磁装置的电路和结构应简单可靠。且装置有足够的热容量，能把发电机磁场储能全部或大部分泄放给灭磁装置，而装置不应过热，更不应烧坏。

为同时满足以上要求,假设灭磁开始时的转子励磁电流为 $I_{f \cdot 0}$,且 $I_{f \cdot 0}$ 以某一变化率 $\mathrm{d}i_f/\mathrm{d}t$ 衰减,而磁通的变化率在转子滑环间(也即是励磁绕组两端)产生的电压值刚好等于允许值 $U_m$,以后电流 $i_f$ 保持这一速率直线衰减到零,如图 3.76 中直线 1 所示。直线 1 是理想曲线。实际的灭磁曲线可能是曲线 2 或 3,等等。用它们与理想曲线靠近的程度,可以评价灭磁方案的优劣。

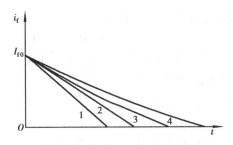

图 3.76　不同灭磁方案的灭磁曲线

为比较各种灭磁方法的灭磁快慢,用相对灭磁时间 $T_1$ 来说明。$T_1$ 按式(3.67)定义:

$$T_1 = \frac{1}{I_{f0}} \int_0^\infty i_f \mathrm{d}t \tag{3.67}$$

式(3.67)中的积分即为灭磁曲线下的面积。

**(3)灭磁方法**

灭磁方法种类较多,如单独励磁机灭磁、对线性电阻放电灭磁、对非线性电阻放电灭磁、采用灭弧栅灭磁。当采用全控桥的半导体励磁系统时,还可利用全控桥逆变灭磁。其中,单独励磁机灭磁方法只用于小型机组,它的灭磁时间比较长,相当于图 3.76 中的曲线 4。

### 3.10.2　线性放电电阻灭磁

利用放电电阻灭磁的接线如图 3.77 所示。同步发电机正常运行时,灭磁开关 MK 处于合闸状态(MK 的跳合闸回路的控制与监视在图 3.77 中未画出)。MK 的主触头 $\mathrm{MK}_1$ 闭合,使励磁机能正常地向发电机转子供给励磁电流;触头 $\mathrm{MK}_2$ 断开灭磁电阻 $R_m$ 回路,触头 $\mathrm{MK}_3$ 闭合,短接励磁机的励磁绕组的灭磁电阻 $R_{Lm}$。

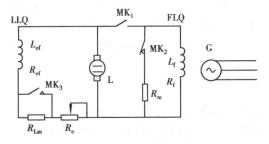

图 3.77　采用放电电阻的灭磁装置

灭磁时,MK 跳闸,$\mathrm{MK}_2$ 先闭合,使发电机转子的励磁绕组接入 $R_m$;然后 $\mathrm{MK}_1$ 断开,这就保证励磁绕组接入放电电阻 $R_m$(即灭磁电阻)时没有开路状态出现,避免了超过允许值的过电压的产生;对于励磁机,$\mathrm{MK}_1$ 的断开有如甩负荷,由于在 MK 未跳闸时故障仍存在,励磁机处于强励状态,因而,在 MK 跳闸,$\mathrm{MK}_1$ 断开时,励磁机会产生高电压,因此,在励磁机的磁场回路接入

灭磁电阻 $R_{Lm}$。在 $MK_1$ 断开时，$MK_3$ 也断开，$R_{Lm}$ 接入励磁机的励磁回路，使励磁机电压迅速下降。$R_{Lm}$ 的接入也改善了主触头 $MK_1$ 在断弧时的工作条件。

灭磁开始时，发电机转子滑环间电压 $U_{j0} = I_{j0}R_m$，灭磁过程中，滑环间电压 $U_f = U_j$，按式(3.68)作指数曲线衰减：

$$U_f = U_{f0}e^{-\frac{1}{T_m}} \tag{3.68}$$

式中　$T_m$——灭磁时间常数，可用式(3.69)表示：

$$T_m = \frac{L_f}{R_f + R_m} = \frac{L_f/R_f}{1 + R_m/R_f} = \frac{T'_{d0}}{1 + \alpha} \tag{3.69}$$

$T'_{d0} = L_f/R_f$——定子开路时的励磁绕组时间常数；

$\alpha = R_m/R_f$——转子灭磁电阻倍数；

$R_f, L_f$——转子励磁绕组的电阻和电感。

灭磁过程中，发电机励磁绕组内的电流按式(3.70)衰减：

$$i_f = I_{f0}e^{-\frac{1}{T_m}} \tag{3.70}$$

把 $i_f$ 由 $I_{f0}$ 衰减到 $10\% I_{f0}$ 的时间作为灭磁时间 $t_m$，则

$$t_m = T_m \ln \frac{I_{f0}}{i_f} = \frac{T'_{d0}}{1 + \alpha} \ln 100$$

当取 $\alpha = 5$，$T'_{d0} = 5 \sim 10$ s 时，$t_m = 4 \sim 8$ s。

通过放电电阻灭磁的灭磁时间较长，相当于图 3.76 中的曲线 3。

### 3.10.3　非线性电阻灭磁

由于放电电阻 $R_m$ 不能取得很大，从而加长了灭磁时间。当将 $R_m$ 改为非线性电阻，其特性是通过其中的电流较大时，动态电阻少；电流较小时，动态电阻大。恰当地选择非线性电阻，可以做到灭磁初态时，转子电压不超过容许值，而灭磁时间可减少。

### 3.10.4　采用灭弧栅灭磁

以上方法中，灭磁开关并不承受耗能的主要任务，当采用灭弧栅灭磁时，磁场储能主要消耗在灭磁开关内。此时，具有灭弧栅的灭磁开关取代前述的 $MK_1$ 主触头。灭磁开关跳闸后，有灭弧栅的触头断开，电弧引入灭弧栅内，变成若干短弧，直到熄灭。在产生容许的过电压倍数条件下，利用灭弧栅灭磁的灭磁时间仅为放电电阻方式时间的 24% 左右。

### 3.10.5　利用全控桥逆变灭磁

利用全控桥逆变过程，将磁场储能从直流侧反送回交流侧。这一方式简单、经济、无触点。因无触点，故不燃弧，产生热量小。其工作过程在 3.2 节已作说明。

利用逆变方式灭磁的灭磁时间比采用灭弧栅方式稍长，但过电压倍数较低。由于灭弧时间较长，应配合其他灭磁方法同时灭磁，使灭磁更迅速、可靠。

近年，有利用并接于励磁绕组的晶闸管跨接器与非线性电阻组成的灭磁系统。它既有较好的灭磁功能，又能对励磁绕组实现过电压保护。具体接线及其工作过程不再作介绍。

## 复习思考题

3.1　自动调节励磁系统由哪几部分组成？它在电力系统中的主要作用是什么？

3.2　对励磁系统的基本要求是什么？

3.3　同步发电机有哪些励磁方式？

3.4　三相半控桥与全控桥的整流波形在相同的控制角下有什么区别？（作出 $\alpha$ 为 30°,60°,90°的波形比较。）

3.5　在三相可控整流时,对触发脉冲有何要求？

3.6　何谓逆变？逆变的作用与条件是什么？

3.7　试说明图 3.27 检测电路的工作原理。

3.8　说明调差环节的作用与特性的获得。

3.9　综合说明半导体自动调节励磁装置的工作原理。

3.10　说明同步与移相电路的作用及原理。

3.11　并联机组运行时,对调差系数有何要求？哪些外特性不适合并联运行？

3.12　调差环节的引入是否会使机组维持电压水平的能力变差？为什么？

3.13　分析励磁调节系统动态特性的目的是什么？动态特性包含什么内容？

3.14　怎样建立励磁调节系统的数学模型？

3.15　如何判别励磁调节系统的稳定性？为何以发电机空载状态来作为励磁系统稳定性分析的对象？

3.16　试说明自动调节励磁系统对电力系统稳定性的影响。

3.17　说明复励与相复励原理及其区别。哪类励磁系统具有复励性能？哪类励磁系统具有相复励性能？

3.18　在励磁控制系统中,有哪些辅助控制励磁功能？为什么它们是一些重要功能？

3.19　"强励"与"限励"二者有无矛盾？实现原理上有何区别？

3.20　欠励磁限制与失磁监控两者有何区别？从原理上作出解释。

3.21　电压/频率限制为何又称磁通限制？

3.22　分析电力系统产生低频振荡的原因。

3.23　试说明电力系统稳定器的工作原理。

3.24　从产生低频振荡的原因看,你认为除了 PSS 可以消除低频振荡外,还可能有哪些原理上可行的方法？

3.25　试分析数字式励磁调节器三相数字移相硬件电路的工作原理。

3.26　数字式励磁调节器的主程序流程包含哪些内容？为何通常都以中断申请方式接入应用程序？

3.27　数字式励磁调节器有哪些重要的、最基本的应用程序？

3.28　灭磁的作用是什么？可用哪些方法实现？

# 第4章

# 电力系统频率及有功功率的自动调节

## 4.1 概 述

### 4.1.1 频率调节及其重要意义

频率与电压是电能的两个主要质量标准。在同一个电力系统中，与调节电压不同的是，在稳态运行条件下，并联运行的各同步发电机只能有一个共同的频率，即频率是一个全系统一致的运行参数(我国规定频率为 50 Hz)。

系统正常运行时，为保持系统频率为额定值，就必须尽快使系统内的同步发电机送出的有功功率能跟随系统负荷功率变动，以达到保持电力系统有功功率的平衡，并恢复频率为额定。当因任何原因出现有功功率不平衡时，若不及时改变原动机的输入功率，则电力系统将以改变频率的效应(见后述)使发出与吸取的功率重新达到平衡，但此时系统将是在频率偏离额定值下稳定运行。只有利用调速机构及时改变原动机的动力因素(如汽或水)输入量，从而改变发电机的有功输出，才能使系统重新在额定频率下达到新的功率平衡，并稳定运行。由于机组总有惯性，稳定运行系统的频率还是有微小的允许波动。

电力系统中，正常运行时，对频率的要求远比对电压的要求严格。系统中各节点电压可允许偏离额定值±5%，但频率的偏差不能超过±0.2 Hz，即 0.4%，甚至要求不超过±0.1 Hz(即±0.2%)。对系统频率的严格要求是必要的，其原因如下：

①原动机均设计在额定频率下效率最高。原动机在频率偏高时，叶片所受冲击增加；频率偏低时，机件磨损加快。当系统频率长期运行于 49~49.5 Hz 以下时，会对某些型式汽轮机产生严重影响，甚至导致事故。

各种厂用泵与风机也是设计在额定频率时工况最佳，频率下降时，出力减少很快，因此，当频率偏离额定值后，电厂将在不经济情况下运行。

②电力系统中的负荷的效率、出力以及产品质量对频率变化有不同程度的敏感。

③频率过低不仅影响系统的经济性，更严重的是会危及电网的安全运行。若频率下降会

导致频率崩溃,则系统瓦解。

④频率降低使励磁机的转速降低,发电机发送的无功功率会减少;频率过低,会使电压水平受到严重影响。

因此,对系统频率的监视及控制是电力系统中一项十分重要的任务。

已知在电力系统稳定运行且励磁系统均正常运行状态下,频率变动是由有功负荷变动而引起的。在调节各运行发电机的有功出力平衡有功负荷过程中,各机组应带多少有功功率,是电力系统重要的经济运行问题。因此,在频率控制过程中,还要进行机组的合理的有功功率控制,以实现经济运行。由于频率调控是在全系统内各电厂有关运行机组上进行的,因此,有功功率控制应是一个系统的经济调度问题。当电力系统是一个互联系统时,这又必然引申为互联系统中各分系统之间的协调运行问题。

由此可见有功功率控制的重要性及与频率调控的不可分割性。

### 4.1.2 现代电力系统调频简介

图4.1为电力系统调节频率示意图。当电力系统因负荷与机组间有功功率失去平衡后,系统频率改变。发电机组的调速器通过改变动力因素方式,直接进行转速调节,以调整发电机送出的有功功率。这称为一次调频。

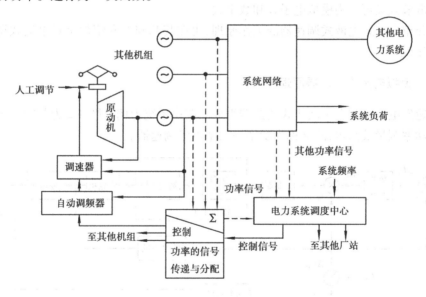

图4.1 电力系统调频示意图

同时,系统调度中心接收到系统功率信号与频率变化信号后,向各发电厂站送出发电控制信号,各厂站接收信号后合理送出功率分配信号至各机组,通过自动调频器实现自动调频控制和经济负荷分配控制。这一过程称为频率的二次调整。二次调整是自动调频器通过改变调速器特性来达到调节的目的。而经过调度中心向各厂发出控制信号,各厂再分配负荷和控制,这种方式有时称为三次调频。

## 4.2　电液式调速系统的工作原理及特性

调速器与原动机组组成转速的闭环调节系统。调速器通过测量转速变化,改变输入原动机的动力因素来达到维持转速为定值,从而使频率为定值。

本节简要介绍调速器最基本的工作原理,并讨论调速系统的静态特性。

### 4.2.1　调速器的基本概念

调速器由转速测量、放大与执行诸环节组成。不论是汽轮机还是水轮机,其调速器的执行环节现在都采用液压放大器(油动机)来控制汽门或导水叶的开度。

由于测量环节的不同,将调速器分成机械式和电液式两大类。机械式调速器是将转速的变化变成离心飞摆的位移量。而电液式调速器则是将转速的变化变成电信号。

电液式与机械式比较,有以下优点:①电液调速系统的灵敏度高,调节速度快,并有较高的调节精度;特别是甩负荷后,能稳定在额定转速运行。②易实现多种控制信号的综合控制。③参数的调节灵活。④省去结构复杂的飞摆机构,运行维护方便。因此电液式调速器运用越来越广。电液式又可分为模拟电子式和数字式。

本节介绍电子式电液式调速器的工作原理,再在其基础上介绍数字式电液式调速器。机械式不再作说明。

### 4.2.2　模拟电液式调速器原理

以汽轮发电机组与电子液压式调速器组成的调速系统为例。图 4.2 为其功能框图。所示系统带有功率测量及给定,故又称为功率—频率电液调速器。

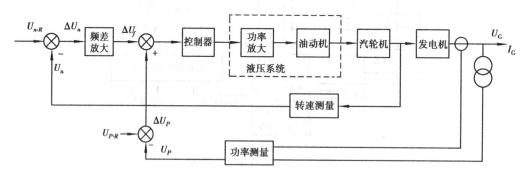

图 4.2　电液调速系统功能框图

**(1)系统组成**

系统由以下环节组成:

1)转速测量

转速测量通常采用磁阻变送器与频率电压变送器组合完成这一功能。

磁阻变送器将转速变换为相应频率的电压脉冲。该环节由装于发电机大轴上的圆盘齿轮与静止的测速磁头组成。圆盘齿轮与发电机转子一道旋转,距离齿轮只为很小距离的静止磁头上的线圈,对应齿槽齿尖的变化导致的磁阻变化而感生出相应频率的弱电脉冲。

频率电压变送器接收磁阻变送器输出的弱电脉冲,将脉冲限幅放大整形微分(对整形后的上升沿微分,得一正脉冲),以微分脉冲触发一单稳触发器得一方波,单位时间内的方波数与频率信号成正比,该方波经射极跟随器、滤波电路得到输出电压 $U_n$,$U_n$ 与转速 $n$ 成正比,或者说,与频率 $f$ 成正比。

转速测量也可用测速发电机方式实现。

2)功率测量

测量发电机功率,给出与之成比例的电压 $U_P$。作为电子式,可采用功率变送器实现功率测量。功率变送器基于乘法关系的磁性乘法器实现或为霍尔效应功率变送器。下面介绍霍尔效应功率变送器。

霍尔效应原理如下:将一半导体薄片置于磁场中,如图 4.3 所示。图中 $B$ 表示磁场的磁感应强度。在与磁场垂直的方向(1—2)对薄片加电流 $i_G$(称为控制电流),则在薄片的另一方向(3—4)将产生电势 $E_H$,称为霍尔电势。

现若 $i_G$ 为测量发电机端电压 $U_G$ 的电压互感器副边接至半导体片产生的电流,即 $i_G = K_1 U_G = K_1 U_m \sin \omega t$。而 $B$ 由测量发电机电流 $i_G$ 的电流互感器二次侧接一线圈后,流过电流产生的磁感应强度,则 $B = K_2 i_G = K_2 I_m \sin(\omega t + \varphi)$。半导体片置于上述线圈中,则有

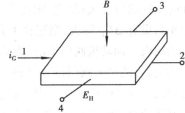

图 4.3　霍尔效应解释性原理图

$$E_H = K_3 i_G B = K_1 K_2 K_3 U_m I_m \sin \omega t \, \sin(\omega t + \varphi)$$

$$= \frac{1}{2} K I_m U_m \left[ \cos \varphi - \cos(2\omega t + \varphi) \right] \tag{4.1}$$

由式(4.1)可见,$E_H$ 的平均值正比于发电机功率,此处还含有二倍频交流分量。经滤波处理后,可得到环节输出 $U_P$ 正比于发电机功率。

3)控制器

电子型控制器采用 PID 控制。其输入信号为频差信号 $U_{\Delta f}$ 与功率偏差信号 $\Delta U_P$。频差信号是转速偏差信号 $\Delta U_n$ 经频差放大器后,变换而得,有

$$\Delta U_n = \Delta U_{n \cdot R} - U_n \tag{4.2}$$

$U_{n \cdot R}$ 为转速给定值对应电压。它由高精度电源经电位器分压给定。电位器的位置由运行人员操作控制按钮,控制伺服电机来改变。而差频放大器的输出可表示为

$$\Delta U_f = m_f \Delta f \tag{4.3}$$

式中　$m_f$——转换系数,工作范围内视为常数,而 $\Delta f$ 与 $\Delta U_n$ 成正比。

同样有

$$\Delta U_P \text{ 有} = U_{P \cdot R} - U_P = m_P \Delta P \tag{4.4}$$

式中　$m_P$——转换系数,工作范围内视为常数;

　　　$U_{P \cdot R}$——功率给定值对应电压,同样,它由高精度电源经电位器分压给定,其位置的给定与调节 $U_{n \cdot R}$ 方式相同。

控制器由运算放大器组成的电路实现 PID 控制。其输出功率较小,不能直接驱动液动机构,而是要经过电压放大功率放大环节才作用于液压系统。输出的电压值为 $\Delta U_c$,表示调节汽

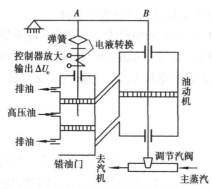

图4.4 电液转换及液压系统原理性结构图

阀应有的开度(位移)。

4)电液转换及液压系统

机械液压系统实际是一个功率放大环节。控制器的放大输出只有经过机械液压系统才能去调节汽轮机的蒸汽阀门开度,或调节水轮机的导水叶。而在控制器的放大输出与机械液压系统之间,还应有一个电液转换环节,将电气量变换成对应的液压量。图4.4是一个简化了的电液转换及液压系统解释性结构图。图中电液环节及液压系统均作了简化。

该系统工作过程如下:

控制器放大输出 $\Delta U_c$ 加于电磁阀的线圈(见图4.4线圈)。$\Delta U_c$ 大,则电磁力大,错油门连杆向上提的行程大;反之,则提升的行程小,甚至下滑。图4.5给出了电液转换示意图。配合图4.4,设有 $\Delta U_P$ 加大,则连杆上升,高压油由错油门连接油动机(常称主接力器)的上通道进入油动机。油动机阀门下滑,推动调节汽阀,从而改变汽轮机进汽量(此时对应减小)。当调节稳定后,油动机阀门位置使调节汽阀位置对应于 $\Delta U_c$。在调节过程中,B 点位置下移,A 点也随之下移,由于弹簧作用,这是一个"柔性"过程。在调节终结时,错油门连杆回到图4.4所示的初始位置。这一过程实为一微分反馈。若 $\Delta U_c$ 减小,调节过程与上述相反,为加大进汽量。调节终结时,仍是错油门处于图4.4所示的初始位置。

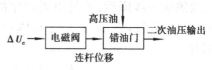

图4.5 电液转换示意图

**(2)调速系统工作过程**

分两种情况说明调速器的工作过程。

1)发电机孤立运行

发电机未并网,处于孤立运行状态。功率给定及比较信号不予考虑。机组在给定的 $\Delta U_{n \cdot R}$ 条件下运行。改变 $U_{n \cdot R}$ 则 $\Delta U_n$ 改变,经频差放大器PID运算,并输出相应的 $\Delta U_c$ 后,最终改变调节汽阀。由于是PID调节,故到达新稳态时有 $U_n = U_{n \cdot R}$,转速趋于给定转速值。

2)机组并网运行及调速系统的静态特性

机组并网运行后,功率比较环节作用应计入。在分析并网运行状态时,将引入调速系统静态特性这一概念。

机组在并网稳定运行条件下,调速系统可能有以下两种运行情况:

①频率为额定,改变机组的功率给定值。此时 $\Delta f = 0$,改变功率给定值,即给出新的 $U_{P \cdot R}$,则 $\Delta U_P = U_{P \cdot R} - U_P$ 改变。控制器的输入变量只有 $\Delta U_P$。经运算有新的 $\Delta U_c$,该 $\Delta U_c$ 作用于液压系统,改变调节汽阀开度,以改变机组出力。在新平衡状态下,$\Delta f = 0$,$U_P = U_{P \cdot R}$,即输出功率等于给定值。

②频率发生波动时的分析及调速系统静态特性。系统频率波动时,控制器有 $\Delta U_f$,$\Delta U_P$ 两个输入信号。在正常运行状况下,调速系统调节过程完毕后,机组进入新的稳态。下面分析机组的这种正常调节过程,这以机组的调速系统静态特性来说明。

系统PID控制器的输入为 $\Delta U_f + \Delta U_P = m_f \Delta f + m_P \Delta P$。

在新的稳态时，有

$$\Delta U_f + \Delta U_P = 0$$

即

$$m_f \Delta f + m_P \Delta P = 0$$

或

$$\Delta f + \frac{m_P}{m_f} \Delta P = \Delta f + \delta \Delta P = 0$$

当用标幺值表示时，有

$$\Delta f_* + \delta_* \Delta P_* = 0 \tag{4.5}$$

式(4.5)即为发电机组的调速系统静态特性，又称为发电机组的静态调节方程，或称为功率—频率特性。式中 $\delta$ 为调差系数，也有称为转速不等率的。而 $\frac{1}{\delta} = K_G$ 称为发电机的功率—频率静态特性系数。式(4.5)表示的静态特性可用图 4.6 表示。

由图 4.6 可见，静态特性是一有差特性。$\delta$ 为特性的斜率。根据需要，$\delta$ 应为可调。这可通过频差放大器环节来调节。$\delta_*$ 的范围为 2% ~ 10%。通常，汽轮发电机的 $\delta_*$ 为 4% ~ 6%，水轮发电机组的 $\delta$ 为 2% ~ 4%。因机组在并网运行中方式可能不同，例如，有的机组承担基本负荷，有的机组承担调频任务等，则它们的静态特性可能有不同形式。

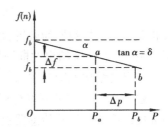

图 4.6　发电机调速系统静特性

关于静态特性的进一步阐述见 4.3 节。在该节，将它直接称为静态调节特性。

### 4.2.3　数字式电液调速器

**(1)概述**

20 世纪 80 年代开始出现数字式电液调速器(简称数字电调或微机电调)，至今已有多种型式产品。相对于模拟电子液压式，数字式有以下优点：

1)控制性能好

整个调速系统的动、静态性能优于模拟式。机组在启动升速、同期并列、运行中负荷变动及甩负荷等工况下，动态性能好。且能方便地在不同工况下在线修改参数，使控制性能最优。因是微机调控，可以方便地实现不同的最优控制算法或智能算法。

2)功能多

只要配置合适的硬件，除完成一般电子式的功能外，还可以实现电子式难以实现或不能实现的功能。如与微机同期装置配合实现的快速自动同期等。

3)灵活性好

通过修改或增减应用程序，可以改变功能。

4)运行稳定可靠

装置不受模拟电子电路工作不稳定、温度漂移等影响，并有较强抗扰能力，工作稳定可靠。故数字电调得到越来越多的应用。

**(2)数字电调系统的结构**

数字电调有多种型式，但就其基本原理来看，是将测量回路转换为适合微机检测的变送器

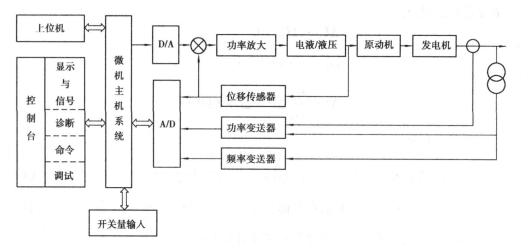

图 4.7 数字式电液调速系统原理性结构图

及相关接口。控制器为微机,系统配置相应的各种应用软件而实现的一个微机型功率—频率调节系统。图 4.7 给出的框图为其原理性结构框图。

给出的结构框图与图 4.2 所示模拟式电液调速器结构类似。图 4.7 中的位移传感器将汽阀(或导水叶)真实的开度行程反馈至微机主机,又与功率放大、电液/液压等相关回路构成一局部反馈系统。位移传感器引入的两路反馈,可以改善空载稳定性,提高系统的鲁棒性,削弱非线性影响。

由前面两章关于微机控制的概念可知,微机调速系统同样有一个主程序及若干应用程序配合硬件系统,完成频率—功率调节任务。由于是微机控制,如本节的第一小节所述,数字式电调可方便地完成多种模拟式电调不能实现的功能。对于汽轮发电机组,在启动过程中,还可方便地附加上热力管理的功能。而微机控制器除了可方便地实现 PID 控制规律,也可以实现更加良好的控制方法,如智能控制等。

# 4.3 电力系统的频率特性

为了解系统的频率调节特性,先讨论发电机组和负荷的功率与频率的关系,即其频率特性,再由此推论系统的频率特性。系统有动态与静态两种频率特性,前者为小干扰下行为,后者为大扰动下行为。本章讨论静态特性。

### 4.3.1 负荷的静态频率特性

在 4.1 节已指出,系统中负荷变动,由于发电机组的惯性,使机组发出的有功功率不能瞬时与负荷需要的有功功率相平衡,由此而导致频率的波动。由于负荷变动是随机的,因而频率波动是难免的,经常性的。本节讨论的是当系统稳定运行时,频率波动所导致的负荷变动特性。

在系统稳定运行时,负荷功率 $P_L$ 随着频率而改变的特性 $P_L = f(f)$,称为负荷的静态频率特性。负荷对频率有不同的敏感度,这与负荷性质有关,据此可将负荷大致分为以下 3 类。

①负荷功率与频率无关，此时 $P_{L*} = P_L/P_{Ln} = K_0$，为常数。$P_{Ln}$ 为系统频率为额定值 $f_n$ 时，整个系统的负荷额定功率。电热、照明为这类负荷的代表。

②负荷功率与频率成正比，如卷扬机、球磨机、切削机床等。此时有 $P_{L*} = K_1 f_*$，$f_* = f/f_n$，$f$ 为系统运行的实际频率。

③负荷功率与频率的二次方或更高次方成正比，如变压器的涡流损耗、鼓风机、循环水泵等。此时有

$$P_{L*} = K_n f_*^n \, (n \geqslant 2)$$

于是，当系统频率为 $f$ 时，系统的总负荷功率标幺值 $P_{\sum *}$ 为

$$P_{L\sum *} = K_0 + K_1 f_* + K_2 f_*^2 + \cdots + K_n f_*^n \tag{4.6}$$

或者，系统总负荷功率为

$$P_{L\sum} = (K_0 + K_1 f_* + K_2 f_*^2 + \cdots + K_n f_*^n) P_{Ln} \tag{4.6'}$$

式中　$K_0, K_1, \cdots, K_n$——各类负荷占总负荷的比例系数，$K_0 + K_1 + \cdots + K_n = 1$。

式(4.6)为负荷的静态频率特性表达式。当系统的成分与性质确定后，负荷的特性被唯一确定，并可用曲线表示，如图4.8所示。当系统频率升高，用户消耗的有功功率增加，频率降低，消耗的功率减少。可见，当系统内发电机组的输出功率 $P_{\sum}$ 与负荷功率 $P_{L\sum}$ 失去平衡后，系统频率变化，而 $P_{L\sum}$ 随之变化，其变化趋势有利于系统的有功功率在新的一个频率值下达到平衡。这称为负荷的频率调节效应。这一调节效应大小以负荷调节效应系数 $K_{L*}$ 表示。$K_{L*}$ 用下式定义：

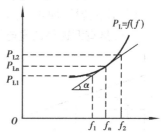

图 4.8　负荷的静态频率特性

$$K_{L*} = \frac{d(P_{L\sum}/P_{Ln})}{df_*} = \frac{dP_{L*}}{df_*} \tag{4.7}$$

当系统频率变化不大，可认为 $K_{L*}$ 是一常数，取为 $f = f_n$ 时静态特性曲线的斜率 $\tan \alpha$，如图 4.8 中直线所示，即

$$K_{L*} = \tan \alpha = \frac{\Delta P_{L*}}{\Delta f_*} \tag{4.7'}$$

负荷调节效应系数可用有名值表示为

$$K_L = \frac{\Delta P_L}{\Delta f} \quad (\text{MW/Hz}) \tag{4.7''}$$

$K_L$ 与 $K_{L*}$ 都是负荷调节效应系数，其间的换算关系为

$$K_{L*} = K_L \frac{f_n}{P_{Ln}} \tag{4.8}$$

负荷调节效应系数是调度部门应掌握的一个数据。在实际系统中只能通过实测求取，或由负荷统计资料估算。$K_{L*}$ 一般为 1~3，不同的电力系统，其 $K_{L*}$ 值也不同；同一电力系统在不同季节时，因负荷组成变化，$K_{L*}$ 也不同。

**例** 4.1　在某电力系统中，与频率无关的负荷占 30%，与频率成比例的负荷占 40%，与频率二次方成比例的负荷占 10%，与频率三次方成比例的负荷占 20%，求系统频率由 50 Hz 下降到 46 Hz 时负荷变化的百分值及 $K_{L*}$ 的大小。

**解**　当频率下降到 46 Hz 时：

$$f_* = \frac{46}{50} = 0.92$$

故由式(4.6)得

$$P_{L*} = K_0 + K_1 f_* + K_2 f_*^2 + K_3 f_*^3$$
$$= 0.3 + 0.4 \times 0.92 + 0.1 \times 0.92^2 + 0.2 \times 0.92^3$$
$$= 0.3 + 0.368 + 0.085 + 0.156 = 0.909$$

则负荷变动百分值 $\qquad \Delta P_L\% = (1 - 0.909) \times 100 = 9.1$

于是 $\qquad\qquad K_{L*} = \frac{\Delta P_L\%}{\Delta f\%} = \frac{9.1}{8} = 1.14$

### 4.3.2 发电机组的静态频率特性

系统正常运行时,发电机组在频率变化时的有功功率随之变化的特性即静态频率特性,称为频率调节特性,即4.2节给出的静态特性。

**(1)具有调速器的发电机组的调节特性**

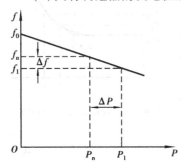

图4.9 发电机组的频率调节特性

现代同步发电机组均具有调速系统,将图4.6重画后如图4.9所示。当系统在额定频率 $f_n$ 下运行时,发电机输出功率为 $P_n$,当系统负荷增加,使频率下降到 $f_1$ 时,相应发电机调速器作用后,发电机的输出功率增加到 $P_1$,显然,这是有差调节特性。

调差系数 $\delta$ 定义为

$$\delta = -\frac{\Delta f}{\Delta P} \qquad (4.9)$$

其中负号表示发电机输出功率的变化和频率变化符号相反。

调差系数的标幺值表示式为

$$\delta_* = -\frac{\Delta f/f_n}{\Delta P/P_n} = -\frac{\Delta f_*}{\Delta P_*} \qquad (4.10)$$

显然式(4.10)可直接由式(4.5)给出,且有

$$\delta = \frac{f_0 - f_n}{f_n} \qquad (4.11)$$

调差系数的大小对维持系统的稳定运行关系较大,为了减小系统的频率波动,希望机组有小的调差系数。

**(2)多机并联运行特性**

1)有功功率分配

以两台发电机组并联运行讨论。设两机组均具有正有差特性,调差系数为 $\delta_{1*}$ , $\delta_{2*}$。如图4.10所示。讨论机组有功分配与 $\delta_*$ 的关系。

设系统原在频率为额定值 $f_n$ 时,负荷总功率为 $P_{Ln}$,在稳定状况下,机组1,2分别带有功为 $P_1$ 与 $P_2$,显然

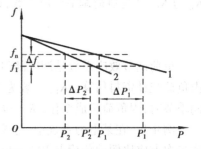

图4.10 两台发电机并联运行特性

有 $P_1+P_2=P_{Ln}$。

当负荷功率增加了 $\Delta P_L$，两机组调速器工作，直到系统频率为 $f_1$ 时，达到新的功率平衡。此时两机组的有功变为 $P_1'$ 与 $P_2'$，各机组功率增量为 $\Delta P_1$ 与 $\Delta P_2$。$\Delta P_1+\Delta P_2$ 等于系统频率为 $f_1$ 时的负荷总增量 $\Delta P_L$。

根据式(4.10)，可得

$$\frac{\Delta P_1}{\Delta P_2} = \frac{P_{1n}}{P_{2n}} \frac{\delta_{2*}}{\delta_{1*}} \tag{4.12}$$

或

$$\frac{\Delta P_{1*}}{\Delta P_{2*}} = \frac{\delta_{2*}}{\delta_{1*}} \tag{4.12'}$$

即各机组有功功率的分配与其调差系数成反比。这一结论适用于多台机组均以有差特性并联运行状况。仿第 3 章关于机组并联运行时，机组间无功功率分配的讨论，显然有以下结论：

当系统中有一台机组为无差特性，而其他机组均为有差特性的状态，理论上可以运行，实际上因具有无差特性的机组要承担系统负荷的总增量而要求容量很大，这往往是不可能的，故不用。至于两台以上的无差特性机组是不能并联运行的，故系统中发电机组的调差特性均为有差特性，且为正有差。注意，这里所指的调节均为只有调速器时的一次调节。

2) 等值机组特性

系统中所有机组的静态频率特性可用一等值机组的等效静态频率特性来表示。这是为了后面方便分析系统的频率特性。

设系统在频率变化 $\Delta f$ 时的负荷总变化量为 $\Delta P_{L\sum}$，则第 $i$ 台机组的功率增量为

$$\Delta P_{i*} = -\frac{\Delta f_*}{\delta_{i*}} \tag{4.13}$$

或

$$\Delta P_i = -\frac{\Delta f P_{in}}{f_n \delta_{i*}} \tag{4.13'}$$

故

$$\Delta P_{L\sum} = \Delta P_{\sum} = \sum \Delta P_i = -\frac{\Delta f}{f_n} \sum \frac{P_{in}}{\delta_{i*}} \tag{4.14}$$

设用一台等值机来代替系统全部机组，则有

$$\Delta P_{\sum} = -\frac{\Delta f P_n}{f_n \delta} \tag{4.15}$$

式中　$\delta$——等值机组的等效调差系数；

$P_n$——$f_n$ 时系统总额定功率，即等值机组的输出功率，显然，$P_n = \sum P_{in}$ 由式(4.14)及式(4.15)可得

$$\delta = \frac{\sum P_{in}}{\sum \dfrac{P_{in}}{\delta_{i*}}} \tag{4.16}$$

在求取 $\delta$ 值时，式(4.16)中，对于没有调节容量的机组，其 $P_{in}/\delta_{i*}$ 用零代入。因为这些机组的出力在正常频率时已达到铭牌出力，当系统频率下降时，即使调速器动作，输出功率已不

应增加。当这种无调节容量的机组在系统中较多时，等效值 $\delta$ 值将变大。在 $\Delta P_\Sigma$ 相同的情况下，$\delta$ 大则 $\Delta f$ 大。若使系统中每一机组都有可调节容量，即均有旋转备用容量，则可减小 $\delta$ 值。

　　**例 4.2**　某电力系统有 4 台额定出力为 125 MW 的发电机并联运行，各机组的调差系数均为 4%，系统总负荷为 400 MW，求当负荷增加 60 MW 时，在（1）机组按平均分配负荷方式；（2）3 台机满负荷，1 台机为 25 MW 的情况下频率下降的数值是多少？（假设不考虑负荷的频率调节效应，即频率变化时，负荷不变。）

　　**解**　（1）机组按平均分配负荷方式
　　等值调差系数为

$$\delta = \frac{\sum P_{in}}{\sum \dfrac{P_{in}}{\delta_{i*}}} = \frac{500}{\dfrac{125}{0.04} \times 4} = 0.04$$

　　由式（4.15）可得

$$\Delta f = \frac{-\Delta P_\Sigma}{P_n} \times f_n \times \delta = -\frac{60}{500} \times 50 \times 0.04 \text{ Hz}$$

$$= -0.24 \text{ Hz}$$

　　（2）3 台机为满负荷，1 台机可调

$$\delta = \frac{500}{\dfrac{125}{0.04}} = 0.16$$

$$\Delta f = -\frac{60}{500} \times 50 \times 0.16 \text{ Hz} = -0.96 \text{ Hz}$$

　　计算中的负号表示频率为下降。

　　通过本例题说明，在系统负荷及发电机容量均不变时，由于负荷分配方式不同，在系统增加负荷后频率下降值是不相同的。

　　（3）**调节特性的失灵区**

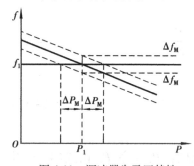

图 4.11　调速器失灵区特性

　　由于调速器的测量机构的不灵敏性，将会对频率的微小变化不能反应，这在机械式调速器上表现更明显，于是调速器有一定的失灵区。由于失灵区的存在，机组的调节特性不再是一条直线，而成为具有一定宽度的一条带，即形成一个失灵区，如图 4.11 所示。图中，$\Delta f_M$ 为调速器的最大频率呆滞，设正负变化均相同。用失灵度 $\varepsilon$ 来说明失灵区：

$$\varepsilon = \frac{\Delta f_M}{f_n} \qquad (4.17)$$

因失灵区的存在，机组间有功功率分配将产生误差，最大误差功率 $\Delta P_M$ 与调差系数存在如下关系：

$$\frac{\Delta f_M}{\Delta P_M} = \delta \qquad (4.18)$$

以标幺值表示为

$$\frac{\Delta f_{M*}}{\Delta P_{M*}} = \delta_* \tag{4.19}$$

或

$$\frac{\Delta \varepsilon}{\Delta P_{M*}} = \delta_* \tag{4.19'}$$

由式(4.18)可见,一定的失灵区内,过小的调差系数 $\delta$ 将产生大的功率分配误差。但若加大 $\delta$,则会使调频过程结束时,频率偏差过大,因此 $\delta$ 不宜过大。

失灵区的存在虽导致功率分配误差与频率误差,但若 $\varepsilon = 0$,则又会使得频率微小波动时,调速器都在频繁调节,反而不利于频率的稳定。因此,在现在常用的很灵敏的电液调速器中,例如数字式电调,由于固有失灵区过小,还要人为设置失灵区。

### 4.3.3　电力系统的静态频率特性

电力系统的静态频率特性确定了系统在稳态运行,且频率为 $f$ 时,机组有功功率与负荷吸取的有功功率平衡状态。显然,系统的静态频率特性取决于负荷与机组的静态频率特性。因为经过折合与等效,系统就是由机组与负荷组成,进一步用等值机组代替全部机组,于是可讨论系统的静态频率特性。

已知负荷特性有:

$$\frac{\Delta P_L}{P_{Ln}} = K_{L*} \frac{\Delta f}{f_n}$$

机组特性有:

$$\Delta P_{\sum} = -\frac{\Delta f}{f_n} \frac{P_n}{\delta}$$

于是系统静态频率特性可表示为

$$\Delta P = \Delta P_{\sum} - \Delta P_L = -\left( \frac{P_n}{\delta} + K_{L*} P_{Ln} \right) \frac{\Delta f}{f_n}$$

$$= - P_{Ln} \Delta f_* \left( \frac{P_n}{\delta P_{Ln}} + K_L \right) = - P_{Ln} \Delta f_* \left( \frac{\rho}{\delta} + K_{L*} \right) \tag{4.20}$$

式中　$\rho$——备用容量系数,$\rho = P_n / P_{Ln}$。

系统的静态频率特性也可用负荷特性曲线与等值机组特性曲线交点表示,如图 4.12 所示。下面解释系统静态频率特性。

设系统原在额定工况下稳定运行,$f = f_n$,机组特性 $P(f)$ 与负荷特性 $P_L(f)$ 交于 $a$ 点;机组发出的功率 $P_n$ 与负荷吸收的功率 $P_{Ln}$ 相等,为 $P_1$。若负荷增加 $\Delta P_L'$,即曲线 $P_L(f)$ 变成 $P_L'(f)$,于是功率失去平衡,频率下降,机组的调速器工作。系统的频率经历一个调整过程后,在 $P_L'(f)$ 与 $P(f)$ 的新交点 $b$ 上稳定为

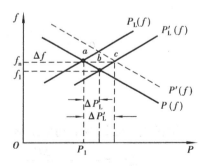

图 4.12　电力系统的静态频率

$f_1$,对应频率下降 $\Delta f$。负荷功率增量因频率下降而由对应 $f_n$ 的 $\Delta P_L'$ 变成对应 $f_1$ 的 $\Delta P_L$;而机组的功率增量对应 $\Delta f$ 的为 $\Delta P_{\sum} = \Delta P_L$。系统在 $b$ 点进入稳定运行。

若系统有自动调频装置或人工参与调频,改变调速器的定值,使等值机组特性由 $P(f)$ 平移至 $P'(f)$ ,此时 $P'(f)$ 与 $P'_L(f)$ 交于 $c$ 点,对应频率恢复到 $f_n$ ,且机组功率增量 $\Delta P'_M = \Delta P'_L$ ,满足负荷在 $f_n$ 时的增量,系统重新在 $f_n$ 下稳定运行。这即是前述的二次调频过程。显然,利用二次调频,机组的调速器虽是有差调节,但可得到频率的无差调节效果。

**例**4.3 某电力系统中,一半机组已带满负荷。其余 25% 为火电厂,有 10% 备用容量,其机组调速器的调差系数为 0.06;25% 为水电厂,有 20% 的备用容量,其调速器的调差系数为 0.04。系统有功负荷的频率调节效应系数为 $K_L = 1.5$ ,求(1)功率缺额为 5% 时的稳定频率;(2)当火电厂的旋转备用容量已全部利用,水电厂的备用容量已由 20% 降至 10% 时,求功率缺额为 10% 的稳定频率。

**解** (1)求功率缺额为 5% 时的稳定频率。

等值调差系数:

$$\delta = \frac{\sum P_{in}}{\sum \dfrac{P_{in}}{\delta_{in}}} = \frac{1}{\dfrac{0.25}{0.06} + \dfrac{0.25}{0.04}} = 0.096$$

系统机组总备用容量:

$$\Delta P_{\sum} = 0.25 \times 0.1 + 0.25 \times 0.2 = 7.5\%$$

备用容量系数:

$$\rho = P_n / P_{Ln} = \frac{1 + \Delta P_{\sum}}{1} = \frac{1 + 7.5\%}{1} = 1.075$$

因为备用容量大于功率缺额(7.5%>5%),由式(4.20)可得

$$\Delta f_* = - \frac{\Delta P}{P_{Ln}\left(\dfrac{\rho}{\delta} + K_{L*}\right)} = - \frac{0.05}{1 \times \left(\dfrac{1.075}{0.096} + 1.5\right)}$$

$$= - 0.003\ 94$$

则稳定频率 $\qquad f = 50 - 0.003\ 94 \times 50\ \text{Hz} = 49.8\ \text{Hz}$

因为发电机组有备用容量,系统频率下降不大。

(2)求火电厂已无旋转备用容量,水电厂备用容量为 10%,功率缺额为 10% 的稳定频率。
计算方法有两种:

①精确计算

$$\rho = \frac{1 + 0.5 \times 0 + 0.25 \times 0 + 0.25 \times 0.1}{1} = 1.025$$

$$\delta = \frac{1}{\dfrac{0.25}{0.04}} = 0.16$$

备用容量抵偿 2.5% 的功率缺额:

$$\Delta f_* = - \frac{\Delta P}{P_{Ln}\left(\dfrac{\rho}{\delta} + K_{L*}\right)} = - \frac{0.025}{1 \times \left(\dfrac{1.025}{0.16} + 1.5\right)}\text{Hz} = - 0.003\ 16$$

$$f_1 = 50 - 0.003\ 16 \times 50\ \text{Hz} = 49.84\ \text{Hz}$$

剩下的 7.5% 功率缺额引起的频率下降,可由式(4.7)和式(4.8)得

$$\Delta f = \frac{f_\mathrm{n} \Delta P}{K_{\mathrm{L}*} P_{\mathrm{Ln}}}$$

故有

$$f_2 = f_\mathrm{n} - \frac{f_\mathrm{n} \Delta P}{K_{\mathrm{L}*} P_{\mathrm{Ln}}}$$

因为此时系统频率不是从 $f_\mathrm{n}$ 开始下降,而是从 $f_1$ 开始下降,则频率实际变化量应为

$$\Delta f = f_1 - f_2 = f_1 - f_\mathrm{n} + \frac{f_\mathrm{n} \Delta P}{K_{\mathrm{L}*} P_{\mathrm{Ln}}} = 49.84 - 50 + \frac{50 \times 0.075}{1.5 \times 1} \ \mathrm{Hz}$$

$$= 2.34 \ \mathrm{Hz}$$

故最后稳定频率为

$$f = 50 - 2.34 \ \mathrm{Hz} = 47.66 \ \mathrm{Hz}$$

②近似计算

$$\Delta f = \frac{f_\mathrm{n} \Delta P}{K_{\mathrm{L}*} P_{\mathrm{Ln}}} = 2.5 \ \mathrm{Hz}$$

$$f = 50 - 2.5 \ \mathrm{Hz} = 47.5 \ \mathrm{Hz}$$

可见,当旋转备用容量大于功率缺额时,系统频率略有下降(由调差特性造成),当备用容量小于功率缺额时,频率变化很大。

## 4.4　电力系统自动调频方法及自动发电控制

本节将阐述的调频方法及自动发电控制,均只论述其静态工作原理,即认为各种调频方法或自动发电控制所涉及的调节系统是稳定的,动态性能满足要求。关于所论及的调频系统动态行为,本教材不作介绍,故也不讨论建立相应系统数学模型的建立,读者可参考其他有关书籍。

### 4.4.1　概述

#### (1)调频与电力系统经济运行

如前所述,调频问题实质上是电力系统正常运行时,发电机送入系统的功率与负荷需要的功率之间的平衡问题。调频是通过调整机组的输入功率来实现的,因而调整时必然涉及机组间有功功率的分配。这一过程将对机组运行的燃料费或耗水、网损等均引起变化。因此,调频过程必须保证系统安全稳定并符合经济运行原则,使整个电力系统处于经济运行状态。

#### (2)按计划负荷划分机组进行调频

调频是全系统范围内的运行问题,因此,都由电力调度员按照计划的日负荷曲线来安排调频任务,将系统内的发电机组分成两类。一类是经济性能好的火电机组和丰水期的水电机组,全天都带不变的基本负荷;另一类机组则带计划的日负荷曲线中的负荷变动部分,即峰值负荷部分。通常这种调峰机组的经济性能比带基本负荷的机组差。

由于实际负荷总是与计划负荷有差别,其差值称为计划外负荷。系统的调频任务实际就是针对计划外负荷。因此,系统还应有一类机组,具有足够的调频容量来应付计划外负荷的变动,以保持系统频率符合要求。调频机组不仅有足够的容量,还应有适应负荷变动的调整速

度。显然,调频机组应装设自动调频装置。实际上,现代电力系统中的机组普遍装设有自动调频装置。

**(3)对调频系统的要求**

电力系统总是要求频率维持为额定,即从负荷变动开始到频率重新稳定时,频差 $\Delta f$ 为零,这即是调频应完成的任务。这一要求是通过对调频机组的二次调整来实现的。

为能达到稳态时 $\Delta f = 0$,对调频系统有如下要求:

①调频系统必须有足够的稳定性。这是工作的基本要求。一般情况下,调节精度越高,闭环调节系统不稳定的可能性越大。为此,调频系统应有一定的稳定裕度。

②负荷变动后,调频系统应使稳态频差 $\Delta f$ 返回至零,并保证电钟的准确性。但在调整过程中,瞬态频差是存在的,只是希望其尽可能小。

③为使稳态频差为零,调频系统都采用积分控制。但频率仍将存在瞬态偏差。而电钟的时间误差正比于频率偏差的时间积分。为减小其时间误差,要求频差积分不超过一个定值。

**(4)自动发电控制(AGC)**

现代电力系统中,调度中心应用 SCADA 系统实现联合自动调频。系统的负荷变动时,选择一部分机组按设定的准则带设定的负荷,并使机组(或厂)之间实现经济负荷分配。且系统频率维持为额定。这种调控方式即为自动发电控制(Automatic Generation control,AGC)。这是当今电力系统越来越受重视并推行的系统自动调频方式。因 AGC 是通过调度计算后下达调节命令,故有时俗称三次调频。

本节在介绍常用的二次调频方法后,再介绍 AGC 方法。

### 4.4.2 调频方法

此处所指调频方法均为在自动调频装置下实现的二次调频。早期的调频方法有主导发电机法、虚有差法等。主导发电机法调节速度缓慢,调节容量受限于一个调频厂,只适用于小容量电力系统,故不再介绍。虚有差法可适用于多个调频厂,但有功功率的分配在调频机组(或厂)间是固定比例的,不是经济分配原则,故少用。本节只作简单介绍之后,再较完整地介绍当今应用的积差法。

**(1)虚有差法**

虚有差法是将计划外负荷分配给各调频机组,各调频机组装设的调频器按下述准则进行频率调整:

$$\begin{cases} \Delta f + \delta_1 \left( P_1 - \alpha_1 \sum_{i=1}^{n} P_i \right) = 0 \\ \Delta f + \delta_2 \left( P_2 - \alpha_2 \sum_{i=1}^{n} P_i \right) = 0 \\ \vdots \\ \Delta f + \delta_n \left( P_n - \alpha_n \sum_{i=1}^{n} P_i \right) = 0 \end{cases} \tag{4.21}$$

式中   $P_1, P_2, \cdots, P_n$——各调频机组实发功率;

     $\alpha_1, \alpha_2, \cdots, \alpha_n$——各调频机组功率分配系数,$\alpha_1 + \alpha_2 + \cdots + \alpha_n = 1$;

     $\delta_1, \delta_2, \cdots, \delta_n$——各调频机组的调差系数。

当系统负荷变化时,各调频机组按式(4.21)调节,直到符合准则为止。将式(4.21)各分式相加,可得

$$\Delta f \left( \sum_{i=1}^{n} \frac{1}{\delta_i} \right) + \left( \sum_{i=1}^{n} P_i - \sum_{i=1}^{n} \alpha_i \sum_{i=1}^{n} P_i \right) = 0 \qquad (4.22)$$

因为 $\sum_{i=1}^{n} \alpha_i = 1$,故上式有 $\Delta f = 0$,即调整过程结束时,频率维持不变,且各调频机组出力为

$$P_i = \alpha_i \sum_{i=1}^{n} P_i = \alpha_i P_{\sum}$$

即各调频机组按功率分配系数比例承担功率,调差系数只在调整过程中起作用,调整结果却是无差的,故称为虚有差法。

由一个调频厂的几台机组实现虚有差法调频时,调频系统结构示意图如图 4.13 所示。调频系数需要有一个功率分配器,它先将各调频机组实发功率加起来,再按一定比例分配给各机组。

虚有差法也可以在几个调频厂中实现。此时需要有远动通道将各厂的实发功率信号送到中央功率分配器相加,然后,中央功率分配器按

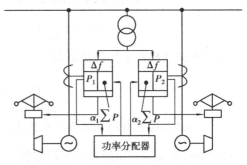

图 4.13　一个电厂的虚有差调频系统示意图

一定比例将功率分配信号经远动通道送到各调频厂的功率分配器,各厂的功率分配器再按比例将功率分配到各调频机。图 4.14 是其结构示意图,图中未画出调速系统部分。

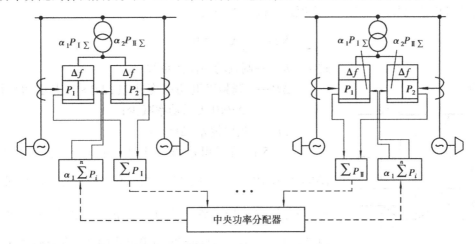

图 4.14　多个电厂的虚有差调频系统示意图

采用虚有差法调频时,所有调频机组一起动作,因而调频速度较快。但在按式(4.21)准则调频时,由于测量误差等诸多原因,将会使 $\sum_{i=1}^{n} \alpha_i$ 不等于 1,从而导致调频终了时出现频率误差,即 $\Delta f$ 不等于零。为补救这一缺点,可将调频准则改为如下形式:

$$\begin{cases} \Delta f = 0 \\ \Delta f + \delta_2 \left( P_2 - \alpha_2 \sum_{i=1}^{n} P_i \right) = 0 \\ \quad\vdots \\ \Delta f + \delta_n \left( P_n - \alpha_n \sum_{i=1}^{n} P_i \right) = 0 \end{cases} \tag{4.23}$$

即是将一台调频机按无差调节方式工作,其他机组仍按虚有差法调频。调整终止时,频差为零,第 $2,3,\cdots,n$ 台调频机承担的功率为

$$P_i = \alpha_i \sum_{i=1}^{n} P_i \qquad (\alpha \text{ 中的 } i = 2,3,\cdots,n)$$

而第一台调频机组承担的功率为

$$P_1 = \left( 1 - \sum_{i=2}^{n} \alpha_i \right) \sum_{i=1}^{n} P_i$$

可以认为第一台机组的功率分配系数为 $1 - \sum_{i=2}^{n} \alpha_i$,故该机组承担了其他调频机组因故余下的剩余功率,从而维持系统频率为额定值。

**(2)积差调节法**

积差调节法是指调频系统按照频率偏差的时间积分值进行调频。由于频率偏差的积分反映了在一段时间内同步时间对标准时间的偏差,因而积差调节法又称为同步时间法。

1)单机积差调节

用单机积差调节法来说明工作原理。调频准则为

$$K\Delta P + \int \Delta f \mathrm{d}t = 0 \tag{4.24}$$

式中　$K$——调频功率比例系数;

　　　$\Delta P$——调频机组功率变化量,$\Delta P > 0$,表示功率增加,$\Delta P < 0$ 表示功率减少;

　　　$\Delta f$——频率偏差,$\Delta f = f - f_n$。

图 4.15 说明了积差调频过程。在 $0 \sim t_1$ 时间内,$\Delta f = 0$,$\int \Delta f \mathrm{d}t = 0$,$\Delta P = 0$,即调频机组按原有出力运行。在 $t_1$ 时刻,负荷增大,频率开始下降,$\Delta f < 0$,$\int \Delta f \mathrm{d}t$ 不断向负方向增加,式(4.24)失去平衡,于是调频器向满足式(4.24)方向调整,即 $\Delta P > 0$。只要还有 $\Delta f$ 不等于零而不论其多小,积分项将继续累积新值,调节持续到 $t_2$ 时,$\Delta f = 0$,调节结束,此时 $\int_{t_1}^{t_2} \Delta f \mathrm{d}t = A$,为常数。由式(4.24)可得机组增加的出力为 $\Delta P_A =$

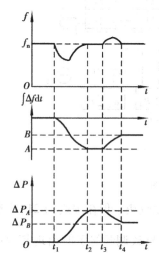

图 4.15　积差调节的工作过程

$-\dfrac{1}{K} \int_{t_1}^{t_2} \Delta f \mathrm{d}t = -\dfrac{A}{K}$,并保持不变。上述过程维持到 $t_3$ 时刻,计划外负荷减小,于是系统的频率升高,$\Delta f > 0$,$\int \Delta f \mathrm{d}t$ 向正方向累积,$\Delta P$ 按式(4.24)减少。调节

持续到 $t_4$ 时刻, $\Delta f = 0$, $\int_{t_3}^{t_4} \Delta f \mathrm{d}t = B$, 为常数, 机组出力减少到 $\Delta P_B = -\dfrac{B}{K}$, 并保持不变。

由此可见, 按积差调节法调频, 最终可维持系统频率为额定, 实现了无差调节, 调频机组的功率变化量等于计划外负荷的数值。因积分项 $\int \Delta f \mathrm{d}t$ 是滞后于 $\Delta f$ 的, 所以调节速度较慢。

2) 多台机组的积差调频

多台机组用频率积差法实现调时, 其调频准则为

$$\begin{cases} K_1 \Delta P_1 + \int \Delta f \mathrm{d}t = 0 \\ K_2 \Delta P_2 + \int \Delta f \mathrm{d}t = 0 \\ \qquad \vdots \\ K_n \Delta P_n + \int \Delta f \mathrm{d}t = 0 \end{cases} \tag{4.25}$$

由于系统中频率是相同的, 所以各机组的 $\int \Delta f \mathrm{d}t$ 也是相同的, 各机组是同时进行调频。显然, 调整结果是系统频率为额定值, 各机组承担的功率变化量, 即计划外负荷可如下求得:

将式(4.25)各分式相加后可得

$$\begin{cases} \sum_{i=1}^{n} \Delta P_i + \int \Delta f \mathrm{d}t \times \sum_{i=1}^{n} \dfrac{1}{K_i} = 0 \\ \int \Delta f \mathrm{d}t = -\dfrac{\sum_{i=1}^{n} \Delta P_i}{\sum_{i=1}^{n} \dfrac{1}{K_i}} = -K_{\sum} \times \sum_{i=1}^{n} \Delta P_i \end{cases} \tag{4.26}$$

式中

$$K_{\sum} = \dfrac{1}{\sum_{i=1}^{n} \dfrac{1}{K_i}}$$

将式(4.26)代入式(4.25), 经整理可得出每台调频机组承担的计划外负荷为

$$\Delta P_i = \dfrac{K_{\sum}}{K_i} \times \sum_{i=1}^{n} \Delta P_i \tag{4.27}$$

3) 改进的积差调节法

前面已指出, 由于积分项的影响, 调整速度较慢, 尤其是 $\Delta f$ 较小时更明显。为加快调节速度, 又保持积差调节的优点, 可在调节准则中引入频率偏差项, 于是得到改进的积差调节准则为

$$\Delta f + \delta_i (\Delta P_i + \alpha_i \int K \Delta f \mathrm{d}t) = 0 \tag{4.28}$$

式中　$\Delta P_i$——第 $i$ 台调频机承担的功率变化量;

　　$\delta_i$——第 $i$ 台调频机的调差系数;

　　$\alpha_i$——第 $i$ 台调频机的功率分配系数;

　　$K$——功率与频率的转换系数。

当出现负荷变动时, 调频机组按式(4.28)调节。由于有 $\Delta f$ 项, 调节速度加快。当调节过

程结束时必有 $\Delta f = 0$，于是仍有

$$\Delta P_i = -\alpha_i \int K \Delta f \mathrm{d}t \tag{4.29}$$

式中负号表示功率变化量方向与频率差方向相反。

若整个系统的计划外负荷为 $\Delta P_\Sigma$，显然有

$$\Delta P_\Sigma = \sum_{i=1}^{n} \Delta P_i = -\sum_{i=1}^{n} \alpha_i \int K \Delta f \mathrm{d}t$$

即

$$\int K \Delta f \mathrm{d}t = -\frac{\Delta P_\Sigma}{\sum\limits_{i=1}^{n} \alpha_i} \tag{4.30}$$

将式(4.30)代入式(4.29)，则得到各调频机组承担的功率变化量为

$$\Delta P_i = \frac{\alpha_i}{\sum\limits_{i=1}^{n} \alpha_i} \times \Delta P_\Sigma \tag{4.31}$$

即计划外负荷按比例自动分配给各调频机组承担。

4)集中制与分散制调频

电力系统以多个调频电厂实现积差调频时，根据 $\int K \Delta f \mathrm{d}t$ 信号取得方式的不同，可分为集中制积差调频与分散制积差调频。集中制积差调频是在中心调度所设置一套高精度标准频率发生器，再取系统频率，以构成 $\Delta f$ 及其积分信号 $\int K \Delta f \mathrm{d}t$，通过远动通道将该信号送向各调频厂。各厂再按式(4.28)调节。分散制积差调频则是在各调频厂均设置一套精度满足要求的频差积分信号发生器，免去远动通道传送积差信号。由于系统频率的同一性，各厂的 $\int K \Delta f \mathrm{d}t$ 基本一致。由于对标准频率要求较高，通常均采用石英晶体振荡器经分频电路后获得这一标准频率，或用 GPS 卫星时钟信号取得该信号。尽管如此，分散制方式仍可能存在各厂的 $\int K \Delta f \mathrm{d}t$ 略有差异，这会产生功率分配上的误差。

### 4.4.3　自动发电控制及联合电力系统调频概述

电力系统的自动发电控制过程为:AGC 通过 SCADA 搜集系统的机组出力、频率等实时数据，根据计划要求，计算出各发电厂(或机组)的控制指令;再通过 SCADA 将指令送到各厂(或机组)控制器，各机组执行并完成 AGC 应达到的目的。

(1)*AGC 控制的基本目标*

AGC 控制的目标可具体为以下几点:

①调整全系统发电出力与全系统负荷平衡;

②经过调节，维持系统频率为额定或频率偏差在允许范围内;

③在系统中，各区域内分配全系统发电出力，使各区域间联系或交换功率和计划值等，且各区域内有功功率平衡;

④各区域内的发电厂之间实现负荷的经济分配。

AGC 还是调度管理中实现安全约束经济调度的执行环节。

（2）AGC **的基本功能**

从上述目标可以看出，AGC 的基本功能可以分为两项：

1）负荷频率控制（LFC）

上述目标的①、②、③项是由负荷频率控制（Load Frequency Control，LFC）来实现的。LFC 也是 AGC 的核心控制功能。

2）经济调度控制（EDC）

在实现第 4 项目标及作为安全约束经济调度的执行环节时，是以经济调度控制（Economic Dispatching Control，EDC）功能体现的。具有 EDC 功能的 AGC 可称为 AGC/EDC。

图 4.16 给出了 AGC 的功能结构示意图。图中表示电力系统的第 $i$ 区域中 AGC 功能实现的工作过程。设该区域中一部分机组具有 AGC 控制方式（图中以 $G_{i1} \perp G_{i2}$ 表示）；另一部分机组（以 $G_{i3}$ 表示）未参与 AGC，但接收 $\Delta f$ 信号，发出参考输入（$P_{i3}$）规定的功率。按 AGC 控制方式工作的机组通过 3 个控制环路来实现 AGC 功能。

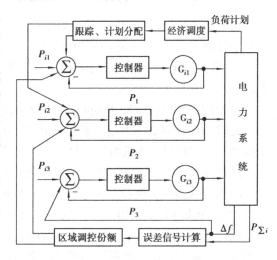

图 4.16 AGC 功能结构示意框图

①区域跟踪控制。该回路给出符合经济调度要求的发电计划，即实现 EDC 控制。由调度部门通过系统实测数据、预先制订的发电计划，自动计算出合理的 EDC 控制信息分到各区域。再分配至各区域中的厂（机组）。该回路为定时（称 EDC 周期）给出功率设定。一般为数分钟修正一次定值。

②区域调节控制。这是 AGC 的核心控制回路，其功能是消除区域控制误差（ACE），计算出的 ACE 按区域内各发电厂应承担的份额分到各发电厂的控制器，再由各厂控制器对该厂各机组设定出力的定值，使调节结果有 ACE＝0。图 4.16 简化了厂控制器，直接由区域的 ACE 对各机组给出设定值。区域调节控制要求快速，一般在十几秒内实现这一控制过程。

③机组控制回路。这是发电机组的基本闭环控制回路，要求机组的实际输出有功功率等于机组的给定出力。而此时给定值是①、②项综合效果。

以上②、③项实现了 LFC 控制功能。

机组的控制器不论哪种结构，都有积分控制，以实现稳态偏差为零。

（3）AGC **控制方式**

AGC 的负荷频率控制可用区域控制偏差信号 ACE 来表明：

$$ACE_i = \Delta P_i + B_i \Delta f \tag{4.32}$$

式中　$ACE_i$——区域 $i$ 的区域功率偏差信号；

　　　$\Delta P_i$——区域 $i$ 的交换功率偏差信号，其值为

$$\Delta P_i = P_{Ti} - P_{Hi}$$

　　其中　$P_{Ti}$——区域 $i$ 的实际交换功率；

$P_{Hi}$——该区的计划交换功率;

$\Delta f$——频率偏差,$\Delta f = f - f_n$;

$B_i$——区域 $i$ 的频率偏差因子,MW/Hz,$B_i$ 值与负荷调节效应、负荷阻尼等因素有关。也即是 $B_i$ 与区域 $i$ 的频率响应特性有关。

该特性表明了当频率发生变化后引起的功率变化。

根据式(4.32),区域 $i$ 中第 $j$ 台为 AGC 调控的机组的给定调节功率 $\Delta P_{sj}$ 为

$$\Delta P_{sj} = \alpha_j (\Delta P_i + B_i \Delta f) \tag{4.33}$$

式中  $\alpha_j$——分配系数。

显然有 $\sum_j \alpha_j = 1$。若是 $\alpha_j$ 按 EDC 规律设定,则实现 AGC/EDC。

由于机组控制器有积分控制,故调节终止时,$ACE_i = 0$。此时 $\Delta f = 0$,区域 $i$ 的实际交换功率等于计划交换功率,区域 $i$ 内功率平衡。

在实际的 CFL 控制中,由于机组所在系统条件不同,系统本身要求不同,于是系统中可能有以下几种 AGC 控制方式。

1)恒定频率控制(Flat Frequency Control,FFC)

此时,$ACE_i = B_i \Delta f$。在这一控制模式下,AGC 控制机组增减出力,使 $\Delta f = 0$,而对联络线的交换功率不加控制。各机组只有对应频率为给定值的计划值。

这种方式只适用于电厂之间联系紧密的小型电力系统。

2)恒定联络线交换功率控制(Flat Tie-Line Control,FTC)

此时,$ACE_i = B_i \Delta P_i$,即控制区域间的交换功率调节最终维持联络线交换功率为计划值。而系统频率是由两分支系统同时调整发电机的功率来维持。这种方式适用于互联系统中,大小不等的小系统常用。两系统间按协议交换功率,故调节结束,联络线功率为计划值。

3)联络线功率偏差控制,(Tie-Line Bias Control,TBC)

这是一种多系统调频方式。此时,$ACE_i$ 按式(4.32)计算,实现完整的 LFC 控制。这种方式适合互联系统间大小均相近的系统及大型电力系统。调节最终,各区域负荷的波动是就地平衡,频率恢复额定。

可以看出,AGC 控制既可在大型电力系统中应用,也可在一个电厂中应用;问题在于合理采用哪种 AGC 控制方式。

### 4.4.4 联合电力系统调频简介

大型电力系统多为联合电力系统,即几个区域性电力系统通过联络线互联形成联合电力系统。因联合电力系统容量大,若按单电力系统方式调频,困难很大,且易使联络线过载,危及系统稳定。若采取联络线功率偏差控制(TBC)方式调频,则联合系统内各区域的有功功率尽可能平衡,只借助联络线上交换功率来相互支持,以达到整个系统的经济稳定运行,且调度方便。

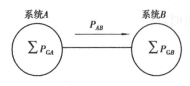

图 4.17 联合电力系统示意图

如图 4.17 所示,以由 $A,B$ 两个系统构成的联合电力系统来分析 TBC 控制的调频过程。不讨论 FTC 方式。

由式(4.32)及 TBC 控制方式可知,当 $ACE_i \neq 0$ 时,就出现下述调节过程:

$$\Delta P_{Gi} = K_{Ii} \int \text{ACE}_i dt + K_{Pi} \text{ACE}_i = P_{Ii} + P_{Pi} \qquad (4.34)$$

式中 $K_{Ii}, K_{Pi}$——区域 $i$ 的积分增益和比例增益；

$\qquad P_{Ii}$——稳定调节功率；

$\qquad P_{Pi}$——暂态调节功率。

调节终止时，$\text{ACE}_i = 0$，故 $\Delta P_{Gi} = P_{Ii}$，而 $P_{Pi}$ 为零。于是，对于图 4.17 所示系统有

$$\begin{cases} \text{ACE}_A = \Delta P_{AB} + B_A \Delta f \\ \text{ACE}_B = \Delta P_{BA} + B_B \Delta f \end{cases} \qquad (4.35)$$

显然，$\Delta P_{AB} = -\Delta P_{BA}$，为 $A, B$ 两系统联合线交换功率偏差值。图示 $\Delta P_{AB}$ 为正，表正常运行状态时，是系统 $A$ 向系统 $B$ 送出功率。当 ACE 不为零，$A, B$ 进行调节，调节终止时，ACE = 0。则有 $\Delta P_{GA} = \Delta P_{IA}$；$\Delta P_{GB} = \Delta P_{IB}$。

在稳态下，只能有

$$\begin{cases} \Delta P_{AB} + B_A \Delta f = 0 \\ \Delta P_{BA} + B_B \Delta f = 0 \end{cases} \qquad (4.36)$$

满足式(4.36)时，调节结束。因是积分控制，$\Delta f = 0$，故有 $\Delta P_{AB} = \Delta P_{BA} = 0$，即联络线上的功率偏差量重新为零，符合 TBC 控制结果。

必须说明，对于实际的联合电力系统，由于各区域内机组特性不同(例如，有的区域水电多，有的区域水电少，等等)、负荷特性不同、大小不同等原因，联合电力系统中可能会有一些区域采用 TBC 方式，另一些区域采用恒定联络线交换功率控制(FTC)方式，而个别区域还可能采用恒定频率控制(FFC)方式。例如，某联合电力系统由 5 个系统互联组成，在某一给定运行方式下，4 个系统为 FTC 控制方式，1 个子系统为 FFC 方式，而在另一运行方式下，4 个子系统改为 TBC 方式，1 个子系统仍为 FFC 方式，即应根据实情调整控制方式。

由于电力市场已引入电力系统的经济管理，因此，在实现 AGC/EDC 时，当今电力系统在系统的机组组合、机组负荷分配、联络线计划负荷等问题上，均要计及市场要求。这些内容已超出自动化教材内容。

## 4.5 电力系统的经济调度及自动调频简介

电力系统的经济调度是指在保证系统频率为额定的前提下，对系统负荷在各电厂及各机组间进行合理分配，使所需的发电成本最小。而系统调频就是有功功率平衡问题。因此，经济调度与自动调频紧密联系。当系统实现 AGC/EDC，则实现经济调度控制。

曾经认为系统的最经济负荷分配方法是按发电机组效率的高低顺序排列，先投运效率高的机组，直到负荷达到它的效率最高值对应功率后，再投运效率较好的机组，以此递推。这一方法已被证明不是最经济的。而在进行 EDC 控制实现经济调度时，是在系统频率为允许范围内，有功功率平衡的前提下确认系统当前机组组合状态及各机组带多少负荷。合理解决这两个问题的组合，即是经济调度控制。这一组合问题涉及以下几个主要内容：经济调度控制的理论及算法、水火电之间如何实现负荷经济分配、火电厂间有功功率的经济分配、发电设备的经济性、系统网损计算、电力市场需求等。

本节只就经济分配负荷的算法——等微增率以及以此为基础的调频方法作简要阐述,其他问题不再讨论。

### 4.5.1 等微增率的基本概念

#### (1)耗量特性与耗量微增率

在电力系统中,发电厂发出功率送到用户,能量的转换与传输过程中,要经过锅炉、汽轮机、发电机、电力网等环节。每一环节均有其特定的经济特性,即各环节在单位时间内消耗(输入)能量的费用与输出功率之间的关系,称为耗量特性。图 4.18 示出了 3 种典型的耗量特性。图中 $F$ 为能耗费用,$P$ 为输出功率。

对应于耗量特性上某一输出功率 $P$ 的耗量微增率(简称微增率)$b$ 则是指耗量特性上对应该功率点的切线的斜率,即在该功率点时,输入(能量)耗量的微增量 $\Delta F$ 与输出功率微增量 $\Delta P$ 之比,即

$$b = \frac{\mathrm{d}F}{\mathrm{d}P} \approx \frac{\Delta F}{\Delta P} \tag{4.37}$$

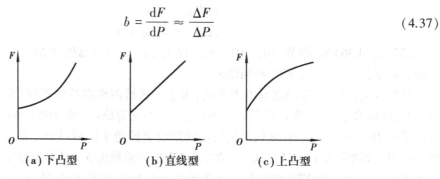

(a)下凸型    (b)直线型    (c)上凸型

图 4.18　典型的耗量特性

图 4.19 为与图 4.18 相对应的 3 种典型的微增率特性,即微增率随输出功率变化的特性。锅炉的耗量特性如图 4.18(a)所示,其微增率特性对应如图 4.19(a)所示。汽轮机的耗量特性与微增率特性一般如图 4.18(c)与对应的图 4.19(c)所示。对于由锅炉—汽轮机—发电机组成的单元机组,由于发电机的效率接近于 1 和汽轮机的微增率变化不大,故机组的综合耗量特性和微增率特性仍具有图 4.18(a)与图 4.19(a)的形状。这种特性的耗量微增率随着输出功率的增加而增大。

对于电力系统中的水电机组,则是将出力流量特性,即单位输出功率的耗水量特性,在确定换算系数后,折合成火电机组的耗量微增率特性。

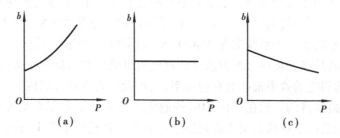

(a)    (b)    (c)

图 4.19　典型的微增率特性

**（2）按等微增率分配负荷的分析**

用两台机组并联运行来分析。设两机组的微增率特性如图 4.20 所示。$b_1$，$b_2$ 均随输出功率的增加而增大。将负荷分配给 $A$，$B$ 两机组时，先不按等微增率进行分配。$A$ 机带负荷 $P_1$，对应微增率为 $b_1$，$B$ 机带负荷 $P_2$，对应微增率为 $b_2$，并有 $b_1 > b_2$。现设总负荷不变，使 $A$ 机减小负荷 $\Delta P$，而 $B$ 机增加相应的 $\Delta P$。由于 $b_1 > b_2$，$A$ 机减少的能耗将大于 $B$ 机增加的能耗，如图 4.20 的阴影面积，两面积之差表示减少的能耗。若转移负荷的目的在于找到使消耗最少，则这样的负荷转移应继续下去。当达到 $b_1 = b_2$ 时，总的消耗不再改变。若再继续转移，则又出现 $b_1 \neq b_2$，根据前面的说明，消耗又不为最小。由此可知，仅当 $b_1 = b_2$ 时消耗最小。

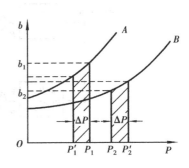

图 4.20　两机组的微增率特性

下面用数学推导证明等微增率原则。

经济负荷应满足以下两个条件：① $P_1 + P_2 = P_\Sigma$；② $F_1 + F_2 = F_\Sigma$ 为最小。要使 $F_\Sigma$ 为最小，对于下凸特性，应有

$$\frac{\partial F_\Sigma}{\partial P_1} = 0 \ \ 或\ \ \frac{\partial F_\Sigma}{\partial P_2} = 0$$

而

$$\frac{\partial F_\Sigma}{\partial P_1} = \frac{\partial (F_1 + F_2)}{\partial P_1} = \frac{\partial F_1}{\partial P_1} + \frac{\partial F_2}{\partial P_1} = \frac{\partial F_1}{\partial P_1} + \frac{\partial F_2}{\partial (P_\Sigma - P_2)}$$

$$= \frac{\partial F_1}{\partial P_1} - \frac{\partial F_2}{\partial P_2} = 0$$

即

$$\frac{\mathrm{d} F_1}{\mathrm{d} P_1} = \frac{\mathrm{d} F_2}{\mathrm{d} P_2}$$

以上证明并不严密，但可以说明等微增率原则。详细证明不再讨论。

上述结论可以推广到多台机组并列运行：

$$\frac{\mathrm{d} F_1}{\mathrm{d} P_1} = \frac{\mathrm{d} F_2}{\mathrm{d} P_2} = \cdots = \frac{\mathrm{d} F_n}{\mathrm{d} P_n} = \lambda \tag{4.38}$$

式中　$\lambda$——全厂的微增率。

### 4.5.2　发电厂中各机组按经济分配负荷的调频系统

根据式（4.38）可实现一个厂内各机组间按等微增率分配负荷，并以此为基本，考虑到频率偏差积分来实现调频，从而达到按经济分配负荷并调频的目的。图 4.21 为按上述原则实现经济分配负荷及调频的一种可行系统示意图。

图中的 $b$-$P_i$ 方框称为经济调度单元，主要为一个微增率特性函数发生器。在不同的微增率 $b$ 时，发生器送出该机组应发功率的信号 $P_{id}$。若为数字式调节装置，则可方便地以软件功能实现。

设系统原处于正常状态，各机组按等微增率运行，各自带负荷 $P_1$，$P_2$，…，$P_n$，且 $\Delta f = 0$。当系统的负荷变化，设为增加，频率下降，各机组调速器动作调节其负荷，此时机组的实发功率

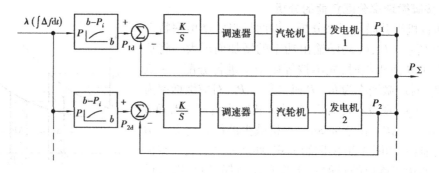

图 4.21 经济调度的调频系统示意图

$P_i$ 不一定等于按等微增率原则要求的功率 $P_{id}$，同时能反映频率偏差积分的全厂微增率 $\lambda$ 分别送到各机组的经济调度单元。给出频率变动后，在新的 $\lambda$ 值下各机组应发功率 $P_{id}$。调速系统的输入端得到功率偏差信号 $\Delta P_i = P_{id} - P_i$，通过低增益积分环节去作用于调速器，达到改变 $P_i$ 的目的。调节结束时应有各机组 $\Delta P_i = 0$，即 $P_i = P_{id}$，且 $\Delta f = 0$。

当要求在几个发电厂间实现经济分配负荷时，由于发电厂与负荷中心、发电厂之间均以输电线相连，因此要计及线路功率损耗，即网络损耗。一般是将网损用各电厂的输出功率表示，然后按厂与厂间计及网损修正后的等微增率原则来分配负荷。当以 AGC/EDC 方式进行调速时，网损及等效的厂的微增率的计算均在调度部门实现。本部分内容已超出教材要求，不再讨论。

# 复习思考题

4.1 试将频率调节与电压调节在要求与方法的异同方面作出对比与说明。

4.2 何谓一次调频、二次调频？

4.3 调速器的静态特性是指什么？怎样利用其特性进行调频？

4.4 了解数字式电液调速器的原理。

4.5 负荷的静态频率特性是什么？在电力系统运行中，这一特性起什么作用？

4.6 何谓等值机组特性？试说明其意义。

4.7 说明电力系统静态频率特性的定义、作用。

4.8 为什么在讨论调频问题时，要先分析各主设备单元的频率特性？

4.9 调速器的失灵区对调频的影响是什么？

4.10 试说明并列发电机组运行时，有功功率分配与无功功率分配对调差系数及特性的要求有何异同。

4.11 电力系统有哪些调频方法？如何实现？

4.12 自动发电控制怎样实现自动调频？

4.13 何谓 AGC/EDC？

4.14 AGC 有哪几种控制方式？

4.15 何谓等微增率原理？为什么按等微增率分配负荷可以达到经济运行的目的？

4.16 联合电力系统如何进行调频？

# 第 **5** 章
# 按频率自动减负荷及其他安全自动控制装置

## 5.1 概 述

随着国民经济与人民生活对电力需求日益增加,电力系统规模日益增大。同时,对电能质量的要求也更为严格。因而,保证电力系统运行的可靠性、安全性更具有重要意义。为更科学地对系统进行管理,从而对系统安全可靠运行有利,电力调度将系统分为正常、警戒、紧急、崩溃和恢复 5 个状态。其中,警戒状态意味着系统中有负荷突变或一些机组出现计划外停机,导致一些节点电压接近临界值、频率波动、功角不稳等非正常状态。通过调度,采取一定措施后,系统恢复正常。仍可向负荷输送质量合格的电能。但若系统出现事故,频率、电压均可能越限,正常调频、调压已不能使系统频率、电压恢复正常。若不及时处理,事故可能进一步扩大,甚至导致系统崩溃。为此,系统中装设具有专门功能的自动安全装置,按预定控制规则迅速动作,制止事故扩大,使系统向警戒状态转化,并由调度部门采取必要措施恢复系统正常运行。

例如,电力系统由于事故或其他原因,会带来严重的无功功率缺额和有功功率缺额。对于无功缺额导致电压下降时,强励迅速投入,使电压恢复。而对于有功功率缺额,当其缺额量超出了正常热备用的可调节能力时,系统频率将按其动态特性规律迅速下降,此时,必须迅速切除一定负荷,使频率回升或不致下降到危险值以下而危及整个系统安全。这一措施是借助于按频率自动减负荷装置来实现的。由于电力系统日愈扩大,电压不稳问题已显得十分重要。电力系统发生事故时,可能引起无功功率严重不平衡而导致电压异常,此时应采用低压自动减负荷,以防止系统电压崩溃。

本章主要讨论按频率自动减负荷装置。此外,还介绍几种常用的安全自动控制装置。

## 5.2  按频率自动减负荷

### 5.2.1  概述

按频率自动减负荷(AFL)也称为低频减载,是电力系统常用的保护系统安全运行的一种重要的自动控制装置。

由第 4 章已知,频率的轻度下降将会给电力系统运行带来不良影响。

**(1)系统长期在 49~49.5 Hz 内运行时**

这样不仅使系统内各行各业生产率下降,且对某些汽轮机的叶片易造成损伤。当频率低于 45 Hz 时,汽轮机的一些叶片可能因共振而引起断裂。

**(2)频率下降至 47~48 Hz 时**

由于火电厂厂用机械出力明显减小,进一步使发电厂出力减少,致使频率再下降,若不制止这一恶性循环,将引起频率崩溃现象。

当频率严重下降时,可造成更严重的后果。

**(3)频率的下降会使发电机电压下降**

经验表明,当频率下降到 45~46 Hz 时,系统电压水平受到严重影响,运行稳定性被破坏而将出现电压崩溃,导致系统瓦解。这对电力系统将是灾难性的。

因此,即使系统发生事故,也不允许系统频率长期停留在 47 Hz 以下,瞬时值绝对不能低于 45 Hz。

第 4 章已指出,电力系统在正常运行情况下,由于计划外负荷的变动,将引起频率波动。当计划外负荷不超出发电机组的热备用容量,即系统中运行的发电机组容量能满足负荷的需要时,在自动调频系统的作用下,可使系统频率保持在额定值。

当电力系统发生事故而出现严重的功率缺额,即负荷需求功率大于当时的发电功率时,若系统内水轮机组虽迅速投入,但调速液压机构动作缓慢,而汽轮机组因锅炉汽机的运行特性,不允许强行迅速加大出力,于是,系统频率迅速下降。从上述讨论已知,此时必须及时限制频率下降,保证系统的安全运行。采用 AFL 装置迅速切除相对不太重要的负荷,以保证重要用户供电并使系统频率恢复到安全运行允许的水平内。

下面以一例说明 AFL 的必要性。

设系统原在额定状态下运行,当发生 $25\%P_{Ln}$ 的功率缺额时,如果仅由负荷调节效应来补偿,并设负荷调节效应系数 $K_{L*}=2$,则由式(4.7′)可得

$$\Delta f_* = \frac{\Delta P_{L*}}{K_{L*}} = \frac{0.25}{2} = 0.125$$

系统新的稳定频率为

$$f_\infty = 50(1-0.125)\ \text{Hz} = 43.75\ \text{Hz}$$

通常,热备用容量不会达到 $25\%P_{Ln}$。因此,对应如此大的低频率,不可能通过调频机组调频来使频率恢复到额定值,而必须采用 AFL 切除部分负荷才能使频率迅速恢复到安全水平。

### 5.2.2　电力系统动态频率特性

为分析 AFL 的工作原理,必须先了解系统频率在事故时的动态特性。

第 4 章给出了系统在正常运行时由于负荷变动引起的频率波动,此为静态特性。

当系统由于事故性有功缺额使频率下降时,系统频率由额定值 $f_n$ 变化到新稳态值 $f_\infty$ 要经历一个时间过程。这一过程称为系统的动态频率特性,如图 5.1 所示。这是一个按指数规律变化的过程。下面分析这一特性。

系统出现功率缺额时,系统内的旋转机组(包括发电机组、用户电动机及其拖动的机械)都将以其部分动能转换成电能方式来补偿这一缺额。因此,系统频率的动态性不仅与功率缺额大小有关,还与系统的旋转机组的机械惯性有关。但在分析频率的动态特性时,可忽略电动机及其拖动机械的转动惯量,因为系统内电动机械数量虽多,而其转动惯量却远小于发电机组的转动惯量,于是电力系统可视为一等效机组。

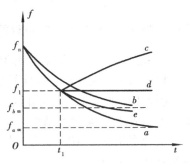

图 5.1　系统的动态频率特性

同时,在分析频率的动态特性时,仍认为系统频率各处均基本相等,则对于系统等效机组有运动方程为

$$T_s \frac{\mathrm{d}\omega_*}{\mathrm{d}t} = P_{G*} - P_{L*} \tag{5.1}$$

式中　$P_{G*}$, $P_{L*}$——相应地以系统总发电功率 $P_{Gn}$ 为基准时,发电总功率和负荷功率的标幺值,即

$$P_{G*} = P_G/P_{Gn} \times 100\%$$
$$P_{L*} = P_L/P_{Gn} \times 100\%$$

$T_s$——系统等值惯性时间常数。

因为　　　　$\dfrac{\mathrm{d}\omega_*}{\mathrm{d}t} = \dfrac{\mathrm{d}\Delta\omega_*}{\mathrm{d}t} = \dfrac{\mathrm{d}\Delta f_*}{\mathrm{d}t}\left(\Delta\omega_* = \dfrac{\omega - \omega_n}{\omega_n}, \Delta f_* = \dfrac{f - f_n}{f_n}\right)$

故式(5.1)可改写成

$$T_s \frac{\mathrm{d}\Delta f_*}{\mathrm{d}t} = P_{G*} - P_{L*} \tag{5.1'}$$

现以系统负荷在额定频率时的功率 $P_{Ln}$ 作为功率基准,则式(5.1')又可写成

$$T_s \frac{P_{Gn}}{P_{Ln}} \frac{\mathrm{d}\Delta f_*}{\mathrm{d}t} = P_{G*} - P_{L*} \tag{5.2}$$

注意,此时等式右侧是 $P_{L*}$ 作基准的标幺值。

在事故情况下,AFL 动作时,认为系统中所有发电机组的功率已达到最大,即可调节的发电机功率 $\Delta P_{G*} = 0$,则功率缺额 $\Delta P_{h*} = P_{L*} - P_{G*}$。又由式(4.7')可得 $\Delta P_{h*} = K_{L*}\Delta f_*$,于是,从式(5.2)得

$$T_s \frac{P_{Gn}}{P_{Ln}} \frac{\mathrm{d}\Delta f_*}{\mathrm{d}t} + K_{L*}\Delta f_* = 0$$

或

$$T_s \frac{P_{Gn}}{P_{Ln}} \frac{d\Delta f}{dt} + K_{L*} \Delta f = 0$$

其解为

$$\Delta f = f - f_\infty = \Delta f_\infty e^{-\frac{t}{T_f}} \tag{5.3}$$

式中  $T_f$——系统频率下降过程的时间常数，$T_f = P_{Gn}/P_{Ln} \times \dfrac{T_s}{K_{L*}}$，$T_f$ 大致为 4~10 s；

$\Delta f_\infty$——频率下降后稳态值与额定值之差，$\Delta f_\infty = f_N - f_\infty$。

根据以上对频率动态特性的分析,配合图 5.1,对频率的变化情况讨论如下:

图 5.1 中曲线 $a,b$ 表示在同一系统中,当功率缺额不同时的频率下降曲线。下降速度与缺额大小成比例,显然有 $\Delta P_{h*\cdot a} > \Delta P_{h*\cdot b}$。并有稳态值 $f_{a\infty} < f_{b\infty}$。

设功率缺额为 $\Delta P_{h\cdot a}$,频率沿曲线 $a$ 下降到 $f_1$ 时,切除负荷功率 $\Delta P_L$,由于 $\Delta P_L$ 取值不同,可能有以下 3 种情况:

切除的负荷为 $\Delta P_{L1}$ 较大,于是频率沿曲线 $c$ 回升;切除的负荷为 $\Delta P_{L2} < \Delta P_{L1}$,可能使频率不再下降,又不上升,如曲线 $d$;若切除的负荷为 $\Delta P_{L3} < \Delta P_{L2}$,则频率沿另一下降较缓慢的曲线 $e$ 变化。

### 5.2.3 AFL 工作原理

通过对频率动态特性的分析可知,利用 AFL 合理切除一定负荷功率,可使频率回升到安全水平。为能及时而合理地切除一定负荷功率,应按以下诸问题的确定来实现 AFL 装置。

**(1)切除负荷总功率值的确定**

为使 AFL 装置工作后确能使系统频率回升到允许的安全值,达到避免事故扩大的目的,而又不过多切除负荷功率,因此,正确确定 AFL 切除的负荷总功率值是极重要的。显然,这应由系统出现事故后可能的最大功率缺额 $\Delta P_{hmax}$ 来决定。由于 AFL 是一种安全装置,要求系统频率恢复后的稳定值 $f_\infty = f_r$,$f_r$ 小于额定值。进一步使频率恢复至额定,可由运行人员处理。因此,AFL 可能断开的最大负荷功率 $\Delta P_{Lmax}$ 小于 $\Delta P_{hmax}$。于是系统在 AFL 动作后仍存在功率缺额为 $\Delta P_h = \Delta P_{hmax} - \Delta P_{Lmax}$。设正常运行时系统负荷 $P_L$,则频率恢复到 $f_r$ 后,认为系统有负荷功率为 $P_L - \Delta P_{Lmax}$,由式(4.7′)可得

$$\frac{\Delta P_{hmax} - \Delta P_{Lmax}}{P_L - \Delta P_{Lmax}} = K_{L*} \Delta f_*$$

于是

$$\Delta P_{Lmax} = \frac{\Delta P_{hmax} - K_{L*} P_L \Delta f_*}{1 - K_{L*} \Delta f_*} \tag{5.4}$$

系统的 $\Delta P_{hmax}$ 可通过对具体系统的分析得出,可能是系统最大一台机组或某一个电厂的容量。

**例 5.1**  设系统的最大功率缺额 $\Delta P_{hmax} = 0.2 P_L$,要求 AFL 切除负荷后系统频率恢复到 $f_r = 48.5$ Hz,求 $\Delta P_{Lmax}$(设 $K_{L*} = 2$)。

**解**  $\Delta f_* = \dfrac{50 - 48.5}{50} = 0.03$

由式(5.4)可得

$$\Delta P_{Lmax} = \frac{0.2 P_L - 2 \times 0.03 P_L}{1 - 2 \times 0.03} = 0.149 P_L$$

计算结果说明,接入 AFL 装置的功率总量为 $0.149P_L$,系统即使发生 $\Delta P_{hmax} = 0.2P_L$ 时,在装置动作后,仍能保证系统频率不低于 48.5 Hz。

**（2）AFL 的分级实现**

按最大功率缺额 $\Delta P_{hmax}$ 来切除负荷,对于电力系统是一种最严重的情况。而电力系统并不是每一次事故后产生的功率缺额均为 $\Delta P_{hmax}$。因此,理想的 AFL 工作,应是根据实际事故后的功率缺额来切除相当的负荷功率,并尽可能少切除负荷。要做到这种理想方式,目前还有困难。实际上,当前的 AFL 普遍采用分级顺序动作方式,即将 AFL 分成 $N$ 级,每一级有不同的动作频率,且 $f_1 > f_2 > f_3 > \cdots > f_N$,各级切除功率为 $\Delta P_{Li}(i = 1, 2, \cdots, N)$。当系统发生事故性功率缺额后,频率迅速下降到 $f_i$ 时,第 $i$ 级动作,断开 $\Delta P_{Li}$。如果频率还继续下降(但下降速度必然减小),说明功率缺额还大。当频率下降到 $f_{i+1}$ 时,$i+1$ 级动作。如此顺序继续,直到频率回升,才停止下一级的动作。

为使 AFL 分级顺序工作能实现,应确定第一级及末级启动频率、相邻两级间的频率差(级差)、级数及各级应断开的负荷等问题。

1）第一级启动频率 $f_1$ 的确定

从 AFL 动作效果考虑,$f_1$ 取值高,对频率恢复或延缓频率下降均有利。但又应避免因暂时性频率下降而不必要地断开负荷功率。一般 AFL 的第一级启动频率取为 48.5～49 Hz。对于以水电厂为主的系统,由于水轮机调速系统动作较慢,而旋转备用容量未投入前是不希望 AFL 动作的,故第一级启动频率宜取低值。

2）末级启动频率 $f_N$ 的确定

末级启动频率受系统允许的最低频率限制,即不得发生频率崩溃或电压崩溃。对于高温高压的火电厂,在频率低于 46～46.5 Hz 时,厂用电已不能正常工作,故 $f_N$ 一般不低于 46～46.5 Hz。考虑一定的裕度,最低一级可取为 47 Hz。

**（3）频率级差 $\Delta f$ 的确定**

当频率级差 $\Delta f$ 及 $f_1$、$f_N$ 确定后,AFL 的级数 $N$ 就可以确定:

$$N = \frac{f_1 - f_N}{\Delta f} + 1 \text{（取整）} \tag{5.5}$$

级数 $N$ 越大,则每一级切除的功率就越小。这就更接近实际功率缺额对应的应切除负荷功率值。但 $\Delta f$ 一被确定,级数 $N$ 也就确定了。于是,当前对于 $\Delta f$ 的确定有以下两种不同的原则。

①按选择性确定 $\Delta f$。这是当前常采用的原则。此时,$\Delta f$ 被称为选择性级差。$\Delta f$ 的确定原则是保证各级动作的顺序,即前一级动作后,不能制止频率下降时,后一级才动作。据此讨论 $\Delta f$ 的确定。

在 AFL 中使用频率继电器作为测量元件。它总可能存在误差,最严重的情况是第 $i$ 级的频率继电器的启动频率有最大的负误差 $-\Delta f_\sigma$,而第 $i+1$ 级有最大的正误差 $\Delta f_\sigma$,如图 5.2 所示。

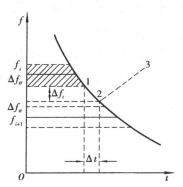

图 5.2　频率选择性级差的确定

第 $i$ 级在 $f_i - \Delta f_\sigma$ 时,即点 1 处才启动。经过 $\Delta t$ 时间,断路器断开用户。在 $\Delta t$ 时间内频率下降到 $f_i - \Delta f_\sigma - \Delta f_t$,到达点 2,若此时频率不继续下降,则 $i+1$ 级不再动作,保证了选择性。于是,最小的选择性级差为

$$\Delta f = 2\Delta f_\sigma + \Delta f_t + \Delta f_m \tag{5.6}$$

式中    $\Delta f_m$——频率差裕度,取为 0.05 Hz;

       $\Delta f_t$——对应 $\Delta t$ 时间内的频率变化,一般为 0.1~0.15 Hz。

       $\Delta f_\sigma$——取决于所选用的频率继电器。一般的频率继电器,$\Delta f_\sigma$ 约为 0.15 Hz,数字式继电器的 $\Delta f_\sigma$ 可达 0.02 Hz。

对于选用一般的频率继电器,$\Delta f$ 常取为 0.5 Hz,则整个 AFL 装置只可能有 5~6 级。若为数字式,$\Delta f$ 可取为 0.2 Hz,则可设较多的级。

②不强调级差的选择性。如前所述,AFL 的级数取得较多,每一级接入应切除的负荷功率就较少,这就可以达到较好的控制效果。而要增加级数 $N$,则要求减小频率级差 $\Delta f$。又根据选择性级差的确定原则可知,减小 $\Delta f$,必然会失去选择性。因此,可能会出现两级无选择性动作,但因每一级切除负荷不多,这种无选择性工作并不会使频率恢复过高。

因此,不强调级差的选择性,增大级数 $N$,是一个可行方法。至于 $\Delta f$ 减到多小,国外有设定 $\Delta f = 0.1$ Hz 的,且已有多年使用经验。

**(4)各级最佳切除负荷的计算**

以下讨论各级切除负荷的计算方法适用于 $\Delta f$ 为选择性级差的 AFL 装置。

电力系统中,在同一事故情况下,若 AFL 每级切除负荷过少,则降低了它的作用,若切除过多,则系统恢复频率过高,作为安全措施,并无此必要。因此,每一级负荷的切除值受恢复频率的限制。要求 AFL 某一级动作,若频率恢复,其稳定值不应距希望值过远,若有超过,不应高于额定值。

于是,可按下述边界条件来分析各级应切除的负荷:设装置已动作到 $i-1$ 级,频率仍继续下降,并恰好稳定在第 $i$ 级启动频率 $f_i$。此时,已切除的负荷总功率为 $\sum\limits_{K=1}^{i-1} \Delta P_{LK}$,当第 $i$ 级动作后,应切除负荷功率为 $\Delta P_{Li}$,切除的负荷总功率成为 $\sum\limits_{K=1}^{i} \Delta P_{LK}$。现根据负荷调节效应来讨论第 $i$ 级切除负荷的计算。

设在 AFL 整个动作过程中负荷调节效应系数 $K_{L*}$ 不变。在第 $i$ 级未动作之前,频率下降到 $f_i$,频率差值 $\Delta f_i$ 是由负荷调节效应补偿功率 $\Delta P_{i-1}$ 补偿。系统内的负荷功率由 $f_n$ 时的 $P_{Ln}$ 变成 $f_i$ 时的 $P_{Ln} = \sum\limits_{K=1}^{i-1} \Delta P_{LK}$,于是,由式(4.7)可得

$$\frac{\Delta P_{i-1}}{P_{Ln} - \sum\limits_{K=1}^{i-1} \Delta P_{LK}} = K_{L*} \Delta f_{r*}$$

以 $P_{Ln}$ 为基准,上式可改写成

$$\Delta P_{i-1*} = \left(1 - \sum\limits_{K=1}^{i-1} \Delta P_{LK*}\right) K_{L*} \Delta f_{i*} \tag{5.7}$$

当 $i$ 级切除负荷后,负荷调节效应补偿功率为 $\Delta P_i$,频率恢复到 $f_r$ 并稳定;$f_r < f_n$ 为已知,系

统内的负荷总功率为 $P_{\mathrm{Ln}} - \sum\limits_{K=1}^{i} \Delta P_{\mathrm{L}K}$，仍由负荷调节效应可得

$$\Delta P_{i*} = \left(1 - \sum_{K=1}^{i} \Delta P_{\mathrm{L}K*}\right) K_{\mathrm{L}*} \Delta f_{\mathrm{r}*} \tag{5.8}$$

且有

$$\Delta P_{i-1*} = \Delta P_{i*} + \Delta P_{\mathrm{L}i*} \tag{5.9}$$

所以 　　　　　　　　　　$\Delta P_{\mathrm{L}i*} = \Delta P_{i-1*} - \Delta P_{i*}$

将式(5.7)、式(5.8)代入，整理后得

$$\Delta P_{\mathrm{L}i*} = \left(1 - \sum_{K=1}^{i-1} \Delta P_{\mathrm{L}K}\right) \frac{K_{\mathrm{L}*}(\Delta f_{i*} - \Delta f_{\mathrm{r}*})}{1 - K_{\mathrm{L}*} \Delta f_{\mathrm{r}*}} \tag{5.10}$$

式(5.10)即为以 $P_{\mathrm{Ln}}$ 为基准的第 $i$ 级最佳切除负荷。各级实际接入的应切除功率只能等于或小于式(5.10)的计算值。当级数 $N$ 增大，不强调级差选择性时，各级应切除的负荷应比式(5.10)的计算值更小。

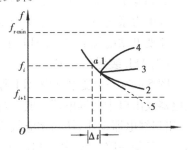

图 5.3　AFL 中的特殊情况示意

（5）**特殊级（附加级）的设置**

由于电力系统运行方式的不固定性，在 AFL 正常工作程序中，完全可能出现图 5.3 所示特殊情况。在频率下降到 $a$ 点，第 $i$ 级动作，经过 $\Delta t$ 切除负荷后，频率继续下降，但在未到达 $i+1$ 级的动作频率 $f_{i+1}$ 前稳定了，如图中 1—2 曲线；或者就稳定在 $f_i$ 附近，如图中 1—3 曲线。也可能第 $i$ 级动作后频率恢复到一个比允许的恢复频率最低值 $f_{\mathrm{r}\cdot\min}$（例如 48.5 Hz）还低的稳定值，如图中 1—4 曲线所示。总之，若不采取措施，系统将长期运行于这种恶劣状态，这显然是不允许的。为消除这种现象，在 AFL 中设置了附加级（特殊级）。取附加级的动作频率为 $f_{\mathrm{a}} = f_{\mathrm{r}\cdot\min}$。由于附加级动作时就在系统频率已比较稳定的状态，所以附加级应带较长的时限动作，一般取为系统频率变化的时间常数 $T_f$ 的 2~3 倍，为 15~25 s。这样可防止附加级误动作。

附加级切除的负荷功率 $\Delta P_{\mathrm{a}}$ 可根据以下两个极限条件来计算：

①当 AFL 最后第 2 级，即 $N-1$ 级动作后，系统频率继续下降，在稍大于 $f_N$ 时稳定。在附加级动作后，系统频率恢复到 $f_{\mathrm{r}\cdot\min}$ 以上。因此附加级应切除的负荷功率为

$$\Delta P_{\mathrm{a}*} \geqslant \left(1 - \sum_{K=1}^{N-1} \Delta P_{\mathrm{L}K}\right) \frac{K_{\mathrm{L}*}(\Delta f_{N-1*} - \Delta f_{\mathrm{r}\cdot\min*})}{1 - K_{\mathrm{L}*} \Delta f_{\mathrm{r}\cdot\min*}} \tag{5.11}$$

②当 AFL 在第 $i$ 级动作后，系统频率上升并稳定在稍低于最小允许恢复频率 $f_{\mathrm{r}\cdot\min}$（即附加级的动作频率 $f_{\mathrm{a}}$）处，附加级切除负荷后系统频率不应高于 $f_{\mathrm{r}}$，则

$$\Delta P_{\mathrm{a}*} \geqslant \left(1 - \sum_{K=1}^{i} \Delta P_{\mathrm{L}K}\right) \frac{K_{\mathrm{L}*}(\Delta f_{\mathrm{a}*} - \Delta f_{\mathrm{r}*})}{1 - K_{\mathrm{L}*} \Delta f_{\mathrm{r}*}} \tag{5.12}$$

按式(5.11)、式(5.12)计算后，取较大的计算值。

在求出 $\Delta P_{\mathrm{a}*}$ 后，可将附加级按时间分成若干级，即动作频率相同，但动作时延不同以进行分批切除。当系统频率恢复到 $f_{\mathrm{r}\cdot\min}$ 以上，动作时间未到的附加级可不再动作切负荷。

（6）**AFL 装置的动作时限**

AFL 装置动作时，理论上要求尽可能快，以利于频率恢复。但要防止系统发生振荡或电压

短时下降 AFL 可能会误启动,因此一般采用一个不大的时限,通常取为 0.15~0.5 s。

### 5.2.4 自动按频率减负荷装置

在电力系统中实施 AFL 时,装置分散成若干套设置于各个变电站。每一级的启动频率一致,各变电站对应某一级切除的负荷功率之和等于该级计算后规定的切除负荷功率。以下讨论安装于变电站的 AFL 装置。

（1）对 AFL 的基本要求

①能在系统各种运行方式下,产生有功功率缺效时,有计划地切除负荷,防止频率下降至危险点以下;

②切除负荷应尽可能少,以防止超调;

③电力系统发生低频振荡或受谐波干扰时,AFL 不应误动;

④变电站电源消失时,AFL 不应误动。

（2）AFL 装置的实现

图 5.4 为一个变电站中 AFL 原理性接线。基本级的每一级由一只低频继电器、一只时间继电器及出口中间继电器组成。当频率低至某级启动值时,该级频率继电器启动,经给定时延后,出口继电器动作,切除相应级应切负荷。实际情况中,在一个变电站中,每一级被切负荷并不一定只是一路出线,故出口继电器可以给出多个跳闸回路。

特殊级工作与基本级相似。

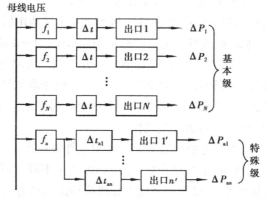

图 5.4　AFL 装置工作示意图

低频继电器是 AFL 中的关键元件。有多种型式。电磁式已基本不用。现有数字脉冲电路构成的数字电路式及微机式。数字电路与微机型均已将 AFL 全部功能合为一体。而利用脉冲电路实现的数字电路式 AFL 没有微机型方便、灵活和易于扩展功能。

（3）微机型 AFL

一套微机型 AFL 可完成基本级与特殊级全部功能及附加闭锁、重合闸等附加功能（附加功能解释见下一节）。下面简介其工作原理。

1）硬件结构框图

图 5.5 为 AFL 原理性硬件框图。此为专门的 AFL 硬件系统。一般采用有多个高速输入口的单片机构成,装置考虑了与变电站的主计算机或专门的继电保护管理机的通信。

下面简介其主要功能原理。

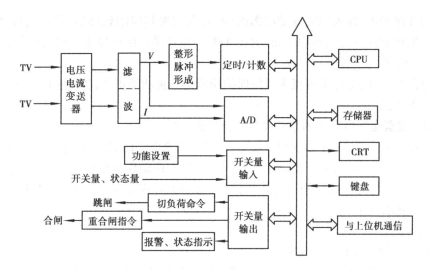

图 5.5　AFL 装置硬件框图

2）频率检测

测频回路是 AFL 的主要检测环节。接于母线的 TV 给出母线电压,经交流变送器、滤波环节后,与微机同期装置相关回路相似,经整形、脉冲形成等回路,以定时计数器在某一方波上升沿的计数,在另一方波下降沿停止计数,由这段定时所计数,就可确定系统频率。AFL 常采用两个高速输入口同时读数,将检测结果比较,以提高测频精度。

3）闭锁信号

AFL 可能由于外界干扰(例如系统低频振荡或谐波干扰)或变电站内进出线故障,导致母线电压急剧下降引起测频错误,从而导致误切负荷。为此,应加闭锁。闭锁信号有低电压、低电流(取自主变压器)及频率变化率 $\mathrm{d}f/\mathrm{d}t$。因母线电压事故性下降时,$\mathrm{d}f/\mathrm{d}t$ 比由功率缺额引起的大,故应有这一闭锁信号。为了测量必要的电压、电流值,硬件回路有相应的模拟量输入回路。

4）功能设置

功能设置包含定值修改。由于电力系统中各变电站的地位、出线回数、负荷性质各不相同,故 AFL 应有功能设置及定值修改功能,以适应不同变电站的需要。这包括应接入的级数及动作时限、切除的负荷回数,以及闭锁形式及定值等。此外还有因 AFL 动作切负荷后可能有的重合闸(使用原因见后)是否要投入等,都应有相应的设定。

5）输出

AFL 的输出均为开关量形式,包括切负荷跳闸命令、重合闸的合闸命令状态及警告信号等。

6）AFL 应有与上级计算机通信接口

实现变电站自动化系统的变电站中,多设有专门管理继电保护装置的管理机。AFL 与该管理机可进行信息交换。这包括管理机对 AFL 下达的各种指令(例如远方修改定值等)及 AFL 动作后向上级的通信。

（4）AFL 功能的分散实现

上述为专门的 AFL 装置。实际上,在实现了自动化系统的变电站中,继电保护均已微机化。故在出线保护中,加入测频环节必需的硬件,在完善其应用软件后,就可实现 AFL 功能。各出线相应的负荷性质及大小均已知,故在 AFL 中属于哪一级可确定。相关功能设置则加于保护装置本身已有的设置中。

这种分散的 AFL,实际上可视为线路保护功能的一种功能扩大,较易实现。这显然是一种能得到推广的方式。

（5）AFL 装置运行中可能的误动作与防止措施

电力系统在运行中,由于系统组成特点,在某些异常状态时,虽未产生真正的功率缺额,而 AFL 仍可能误动作切负荷,故应有防止措施。AFL 防止误动作有两种方式:一种是闭锁方式,前述闭锁信号,就是为实现闭锁功能提供信号;另一种方式是误动作发生了,用重合闸补救。对两种方式说明如下:

1）闭锁方式

AFL 常用闭锁方式有以下几种:

①时限闭锁。当变电站电源短时消失或一般重合闸过程中,若电动机负荷比重较大,则因电动机的能量反馈会在短时间内在母线上维持一个幅值不低而频率较低的电压,因而 AFL 可能误动作,这是不应该误动作的。为此,可加 0.5 s 延时,但仍可能引起误动作。而这一延时对基本级在正常应动作时抑制真正的频率下降是不利的。因此,延时闭锁通常只用于特殊级。

②低电压带时限闭锁。低压闭锁是根据电源断开,电压迅速下降来实现闭锁,同样要加延时,以防止电动机能量反馈导致的电压衰减慢,频率低的误动作。另外,系统因振荡引起频率变化,也可能会不能闭锁,使 AFL 误动作。

③低电流闭锁。是利用电源断开后,电流减小这一规律来闭锁 AFL。这种方式的缺点是不易整定闭锁值,系统发生振荡时,也易误动作。

2）自动按频率减负荷后的重合闸

在以水电为主的系统中,由于水电机组调速机构动作较缓慢,当系统开始发生功率缺频,虽有备用容量,但要 10~15 s 才能起作用,因而 AFL 可能已动作。在 AFL 动作后,旋转备用又已起作用,频率就会恢复到额定值,甚至超过。这可在频率恢复到额定时,对被切负荷进行按频率自动重合闸补救。

在小容量的电力系统中,当发生大的冲击负荷时,频率可能会短时下降,从而使 AFL 动作。也可采用按频率重合闸补救。

### 5.2.5 电力系统频率异常的计算机控制简介

通过前面的论述可见,即使是微机型 AFL 装置,其工作过程是固定逻辑式,也不能适应电力系统运行方式的复杂变化。例如,一个联合电力系统事故后,可以解列为几个系统独立运行,其 AFL 的定值显然较单一系统的整定复杂。且系统解列后,个别子系统不在故障区而可能出现频率升高的情况。此外,AFL 是以频率为启动信号,系统频率是发电机转速的直接反映,而发电机转速的变化是有机电惯性的。因此,从更精确的角度看,频率下降反映是有时滞的。

故更新的方法是一种新型计算机频率控制的智能化自动控制系统。这是一种能够根据系统实际运行状态进行异常频率控制,具有自适应识别事故及快速启动的自动化系统。这一系统实际就是当今具有能量管理功能的调度自动化系统,即能量管理系统（EMS）中的系统静态安全分析功能的体现。系统定时向全系统采集厂、网数据,根据所采集数据计算出实时潮流,确定系统当前安全状态,并给出符合当前运行状态的假想事故集,作出分析及可行的预防性措施,这其中就包含可能的频率事故性下降及 AFL 的应有对策。因而可以更好地消除安全隐患。

有关系统的静动态安全分析属于《调度自动化》专业课的内容,故此处不再展开讨论。

作为电力系统频率事故性下降的安全装置,除了重要的 AFL 及上述调度自动化系统的安全措施外,还有低频自动启动发电机组、低频降低电压装置。后者是指当系统频率事故性下降时,变电站自动调节主变变比,使用户侧电压下降,但仍在容许范围内。由于电压下降,负荷吸收的有功功率将减小,有助于频率的稳定。当系统频率恢复正常后,应及时恢复用户的电压。这一措施是配电网自动化系统的内容,也不在此讨论,读者可参阅其他相关书籍。

# 5.3 自动解列装置

自动解列装置是电力系统中常用的一种自动安全控制装置。

### 5.3.1 解列的作用

电力系统要求各机组并列运行,以提高系统的安全可靠性,并取得最好的经济效益。

当系统发生事故后,系统可在快速保护、强励、自动按频率减负荷等装置的工作下恢复正常。若系统发生的是振荡性事故,则可以采取快速切机或投入电气制动、投入电力系统稳定器、快速关汽门等诸多稳定性安全控制方法。而有时则会采取解列方式将系统分解为几个子系统后,再行处理各子系统的运行。当振荡或事故消除后,再用并列操作使各子系统恢复并列运行。

因此,解列是系统的一种安全控制措施。

### 5.3.2 厂用电系统的解列装置

如前所述,当电力系统因功率缺额而引起系统频率下降时,频率的下降会使电厂中厂用机械出力下降,这是可能形成频率崩溃的主要原因。因此,如能使厂用电系统供电频率维持在额定值附近,则可避免事故的进一步恶化。

发电厂中,如果厂用电系统有独立供电的条件,则在安排发电厂的运行方式时,应考虑厂用电系统与电网解列运行的可能性。当电网事故,系统频率下降到一定时,厂用电供电电源与电网连接的断路器应立即跳闸解列,保证该电源只向厂用电系统供电,从而提高了电厂的可靠性,也对整个系统的安全运行有利。

### 5.3.3 系统中的解列装置

#### (1) 系统解列的应用

用图 5.6 所示联合电力系统示意图来说明应用系统解列的作用。正常情况下,设为 $A$ 系统经双回线 $L_1$、$L_2$ 向 $B$ 系统输送功率 $P_{AB}$,若 $L_1$ 因故障被切除,因 $L_2$ 的传输能力受限,$A$ 不能再向 $B$ 送出 $P_{AB}$,则 $B$ 系统有功功率缺额,导致机组减速,而 $A$ 系统则出现功率过剩,机组加速。

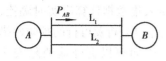

图 5.6　电力系统示意图

通过 $L_2$ 系统产生振荡。此时,系统内无统一频率。各电源点之间联络线的功率、电流及一些节点的电压均会产生不同程度的周期性振荡。若不采取稳定性安全控制,系统振荡加剧,则系统将崩溃。显然,此时可在 $A$ 系统采取高频切机,电气制动等方式抑制振荡,$B$ 系统采取 AFL 装置工作。但如果相应措施不能使系统再同步稳定运行,则应将系统解列,避免事故在全系统扩大。待系统各子系统恢复正常后,再并列恢复正常运行状态。

进行系统解列时,要很好地选择解列点。解列点的选择有以下原则:

①尽力保持解列后各部分系统的功率平衡,以防止频率、电压的急剧变化,因此解列点应选在有功功率、无功功率的分界点上,或交换功率最小处。

②适当地考虑操作方便、易于恢复系统,具有较好的远动条件或通信条件。

因此,对于图 5.6 所示系统,解列点不能设在联络线处,这样设置会使 $B$ 系统在事故时频率下降更快,同时,$A$ 系统频率上升加剧。而应将解列点选在 $B$ 系统内某处,解列后,$A$ 系统仍继续承担 $B$ 系统的部分功率。

**(2)解列装置实现原理**

解列装置按什么原理来实现解列,这往往要从解列实际所起作用来确定。所谓实现原理是指解列的判别条件。具体的控制逻辑电路则根据判别条件来实现。

下面介绍几种解列条件。

1)按频率下降原则构成解列条件

厂用电供电系统与电网解列的方式就可以应用这一条件。通过测量频率,当频率下降到动作值时,适当延时躲过频率的波动后,断开解列断路器。

2)按频率下降与功率大小确定解列

当图 5.6 所示系统采用联络线断路器作为解列点时,可应用这一条件。在 $B$ 系统事故时,如前所述,解列以保证 $A$ 系统的安全是必要的,此时条件是频率下降、$P_{AB}$ 方向及一定大小。当 $A$ 系统事故时,很可能还有较小的 $P_{AB}$ 向 $B$ 输送。此时若联络线被切除,致使 $B$ 系统频率下降,显然不应进行解列操作,于是有解列条件的逻辑框图如图 5.7 所示。必要时还可加入其他控制条件。

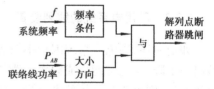

图 5.7　利用频率、功率的解列逻辑图

3)利用测量电压实现振荡解列

利用系统在发生短路与振荡失步这两种事故时,振荡中心的电压变化率 $du/dt$ 不相同来实现振荡解列,短路时闭锁。

这可用 3 只整定电压分别为 $U_1>U_2>U_3$ 的电压继电器来作为振荡解列的启动元件,启动值均小于额定电压,且各电压继电器依次有延时为 $t_1<t_3,t_2=0$。当系统发生短路时,电压变化率 $du/dt$ 很大,虽然 3 只电压继电器的整定值不同,但可认为电压是瞬时下降到使 3 只电压继电器接近同时动作。由于延时关系,在时间逻辑上,送入逻辑判别回路的动作顺序如图 5.8（a）所示。图中虚线 $A$ 表示从短路瞬间开始的电压下降时延线。各继电器动作的时间差异很小,启动元件的时间逻辑顺序由延时元件决定。

当系统发生振荡失步时,$du/dt$ 不大,因此电压下降过程明显慢于短路。由图 5.8（b）可见,只要 $t_1,t_3$ 整定合适,此时的时间逻辑上动作顺序为 1→2→3。

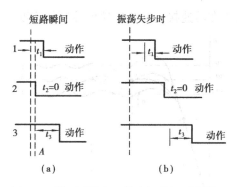

图 5.8　利用测量电压构成振荡解列的说明

根据短路与失步时的动作顺序不同,可以制订适当的逻辑控制电路,使装置在短路时处于闭锁,失步时则解列。

这种装置设于振荡中心最灵敏,但中心往往在线路上,装置设置点常距振荡中心较远,此时要采用一定的补偿措施来提高装置的灵敏度。

还可以有其他的解列判断原理。显然,利用微机实现上述逻辑判别是很方便的。并已有专门的微机振荡解列装置。

**（3）可行的计算机解列方式**

电力系统实现调度自动化后,应用前述的静态安全分析功能,对实际运行的电力系统给出假想事故并作出预防。一旦系统出现振荡,根据实情作出判断后,由预先选定的解列点的断路器动作,实现解列。

# 5.4　水轮机组低频自启动装置

水轮机组从全关闭状态到开导水叶直至并网,一般只要几分钟甚至几十秒钟,而汽轮发电机组从冷状态启动到并网则要数小时,如果从锅炉点火开始计时则时间更长。因此,电力系统中,常利用水轮发电机组能快速启动的特点来提高电网安全运行的可靠性。当系统发生功率缺额,频率降低后,可采用低频自启动方式使水轮发电机开机并自动并列。

水轮发电机组在启动到进入同步的过程中必须按机组的启动特性来进行工作,否则不易进入同步。

## 5.4.1　水轮机组的启动特性

水轮机组在启动过程中,转速随时间变化的规律称为启动特性,如图 5.9 所示。该特性取决于水轮机的型式、调速器的特性及调速机构的位置。

正常启动发电机组时,无载稳定转速因调速机构起始位置不同而有 3 种启动特性,图 5.9 中曲线 1 为高特性,曲线 2 为中特性,曲线 3 为低特性。中特性的稳定值为额定转速,而高、低特性的稳定值高于或低于额定值 5%～10%。

由于调速器的不灵敏,转速总是经过衰减振荡形式而达到稳定值。因此,按中、高特性启动时,机组在达到同步转速时的加速度可能大于允许值,这就使发电机组难以进入同步。为使

机组启动后迅速进入同步,要在转速接近同步转速前控制加速度。可以采取以下办法:

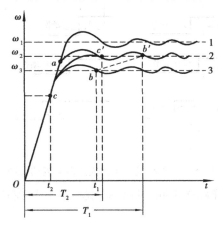

图 5.9　水轮机组的启动特性

**（1）按中特性或高特性启动**

当转速到达 70%～80% 额定值时,就改变调速机构向"减小转速"方向动作,加速度在转速快接近额定值时可减小到允许值范围内(不超过 0.5 Hz/s)。但在事故时系统频率很低(可能低于 48 Hz),则使用此法时,加速度仍会很大。

**（2）按低特性启动**

转速达到图 5.9 中的 $t_1$ 时刻,对应曲线 3 的 $b$ 点,使调速机构进入"增速"。转速增加,特性从 $b$ 点沿 $b$—$b'$ 曲线进入中特性,并以不大的加速度进入同步转速,整个时间为 $T_1$。如果提前在 $c$ 点就增加转速,则将沿 $c$—$a$—$c'$ 曲线进入中特性,并很快进入同步,从启动进入同步的时间为 $T_2$。

当事故时,频率下降,使用此法不会产生过大的加速度。因此,在事故下投入水轮机组应按低特性启动。

### 5.4.2　水轮机组的低频率自动启动

水轮发电机组低频率自动启动装置可用频率继电器作启动元件,当系统频率降低到继电器动作值后,继电器启动水轮机自动控制回路,当机组转速接近系统频率时,按准同期或自同期方式将机组并入电网。

根据第 2 章所述自动自同期工作原理可知,将频率继电器接入自动自同期装置的启动回路,并将自同期装置的水轮机转速控制在低特性下启动。调整转速继电器的动作位置与频率继电器整定值相配合后,该装置就可作为事故下水轮机组的低频率自启动装置,也可按此构成专门装置。

迅速运用系统的动力资源来处理系统功率缺额,是一项有效的自动安全措施,因此这一装置受到重视。在采用微机型调速器中,加入低频自启动功能是较方便的。装置已有测频硬件,加上必要的输出接口及实用的应用软件,即能实现低频自动启动功能。使机组在系统频率很不稳定时也能快速投入,甚至可采用准同期方式并网,避免了自同期方式必然产生的冲击。

在系统中,除上述保证系统安全稳定运行的自动装置外,还逐步采用远方切机、电气制动及主汽门快关、按低压切负荷等自动安全技术。本章不再讨论。

## 复习思考题

5.1　试评述电力系统装设按频率自动减负荷装置的意义。

5.2　某系统用户总功率为 $P_L = 2\,800$ MW,系统最大的功率缺额 $\Delta P_{h \cdot max} = 900$ MW,负荷调节效应系数 $K_{L*} = 2$,自动减负荷动作后,希望恢复频率值为 $f_r = 49$ Hz,求接入减负荷装置的负荷总功率 $\Delta P_{Lmax}$。

5.3　某系统发电机的出力保持不变,负荷调节效应系数 $K_L$ 值不变,投入相当于 30% 负荷、切除相当于 30% 负荷的发电功率,这两种情况下,系统的稳定频率是否相等? 试说明。

5.4　系统发生功率缺额后,为恢复发生功率缺额前的频率值,应切除多少负荷功率(假设发电机组出力不变)?

5.5　为何要设置 AFL 的附加级?

5.6　试述微机 AFL 的工作原理。

5.7　AFL 装置在什么情况下会发生误动作? 如何防止?

5.8　电力系统常用的安全自动控制装置除了 AFL,还有哪几种常用装置?

5.9　试按图 5.7 原则设计一个逻辑电路实现解列功能。

5.10　水轮发电机组的低频率自动启动如何与自同期装置配合工作?

5.11　根据电力系统事故状态,设想应有哪些安全自动控制装置?

5.12　电力系统频率异常的计算机控制的概念是什么?

# 第 6 章
# 电力系统调度自动化的监控技术及配电网自动化简介

## 6.1 概 述

### 6.1.1 电力系统调度自动化的重要意义

我国电力系统已进入大机组、大电网、超高压的新阶段,但这并不能完全表达现代电力系统的重要特征。现代电网有一个重要特征,就是为确保电网安全经济运行,提高供电可靠性,需要配置一套与一次系统相适应的二次系统。这除了继电保护及安全自动装置、自动调节系统之外,还要求有为正确调度电网正常运行和事故预想、事故处理的调度自动化系统。因此,调度自动化是支持现代电网能正常运行的一大支柱。

即使对于小型电力系统,乃至地区电力系统,由于调度自动化的基本实现,大大提高了电网的管理水平,增强了电网可靠性,能实现系统经济运行及提高事故处理能力。

因此,调度自动化的实现受到极大重视。近十年来,由于利用微机技术与通信技术为基础的调度自动化的应用与推广,使我国调度自动化得到迅速发展。目前,随着人工智能(AI)的实体智能化和全面自动智能化浪潮的掀起,使电力系统调度自动化得到巨大提升。随之而来,各种新能源联网和用户端微电网可以更方便地进入系统,使电力系统配电自动化又迈进了一大步。

### 6.1.2 调度自动化的内容

调度自动化是指以数据采集和监控系统(SCADA)为基础技术手段,包括自动发电控制(AGC)和经济调度运行(EDC)、电网静态安全分析(SA)以及调度员培养仿真(DTS)在内的能量管理系统(EMS),即调度自动化系统是一个 EMS/SCADA 系统。

电力系统的 SCADA 系统是微机采样、数据处理、信息传输等技术的综合。该系统进行电厂、变电站实时数据的采集,并送到调度中心集中进行监控。

应予注意的是,调度自动化是建构于 SCADA 的信息收集处理及传输的基础上的,不能将 SCADA 等同于调度自动化。

### 6.1.3 分层控制与电网调度自动化

**(1)电力系统调度管理的分层控制方式**

为适应现代电网的发展与管理,电力系统均采用分层控制方式。这有以下优点:①电力系统具有相应于电压等级的分层结构与地区的分散性,许多问题可以由地区单位或局部判断处理;②易于保证自动化系统的可靠性,不使局部问题影响到整个系统;③可灵活适应电力系统的扩大;④可按地区的必要性、合理性或自动化目的顺序进行投资,从而提高投资效率;⑤能更好地适应现代技术水平的发展。分层控制的采用,可以避开以整个电力系统为对象的集中控制面临的可靠性、经济性等方面的困难。而随着软件的发展,又可以不断完善与提高自动化并解决上述难题。

因此,现代电力系统均采用分层控制方式。图 6.1 为电力系统分层控制示意图。图中所示网调为管理几个省级电力系统组成的大型电力系统的调度管理部门。必要时,网调上面还可以有国调。而地(区)调度所属系统为配电网。某些地调也管理一些中小型电站(多为水电站)。地调下面还可以有县级调度。

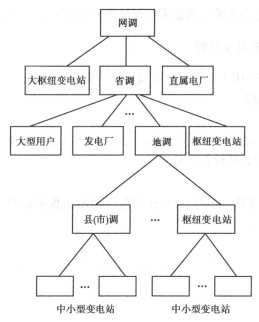

图 6.1 电力系统的分层控制示意图

**(2)分层控制的调度自动化特点**

根据分层控制的概念,电力系统每一层面上均有相应的调度自动化实现自动化管理。其中,省级及其以上调度均是面向发电厂、输电系统,故它的调度自动化功能中,除包含输电系统必具的自动化外,还包含自动发电控制功能,加上前述诸多功能后,形成能量管理系统(EMS)。而配电网是面向用户的中低压电网,不仅有电网管理问题,还有负荷控制及用户的需方用电管理等技术问题。但一般没有自动发电控制功能。这一切形成了配电网调度自动化的特点,具有对用户侧调度管理以及变电站自动化,馈电线自动化管理的配电网调度自动化系统,现在称为配电网管理系统(DMS)。

从管理级别来看,EMS 是 DMS 的上层管理级。

### 6.1.4 本章阐述范围

电力系统自动化范围十分广泛。调度自动化与配电网自动化已属于另设专业课。为了能对电力系统自动化内容有一个完整概念,特在本章介绍调度自动化的技术基础,即 SCADA 系统的原理。此外,对配电网自动化作一概述性介绍。

## 6.2 电力系统 SCADA 系统的基本构成原理

电力系统的实时数据采集及向调度中心的集中这一综合技术系统称为远动系统,现代远动系统均用微机技术实现。

在微机远动系统的基础上,要实现数据处理、屏幕显示、打印及人机对话等功能,则还要将微机远动与各种微型计算机相结合,完成对电力系统运行状态的实时监控、制表记录及数据统计等功能。这就构成了电力系统的数据采集与监视控制系统,简称为 SCADA 系统。

### 6.2.1 SCADA 系统的基本功能

使用于电力系统的 SCADA 系统主要完成以下功能:

**(1)数据的收集及监控**

1)遥远测量(YC)

将电厂、变电站的电量或非电量,如电压、电流、功率、水位、汽压等实时信息经过采样后,运用通信技术送到调度中心端储存并显示。

2)遥远信号(YX)

将电厂、变电站的设备状态信号,如机组开停以及继电保护信号采集后,运用通信技术送到调度中心端储存并显示。

3)遥远控制(YK)

调度中心端运用通信技术,对电厂、变电站的设备发送开停或投切的命令,对应厂、站收到命令后执行。

4)遥远调节(YT)

调度中心端运用通信技术,对电厂、变电站的可调节设备,例如带负荷调压变压器的分接头等发送调节指令,对应厂、站接受命令后执行。

**(2)数据处理**

调度中心将各厂、站传输来的实时数据进行处理,并给出各种图表、CRT 画面显示潮流图、功率总加、事故报警、事件顺序记录、事故追忆、日报表制作,以及模拟屏显示等。

### 6.2.2 遥远信息传送过程的概念

在发电厂、变电站内部传送信息(如各种电气参数及各种控制命令信号等),都是用控制电缆将信号的发送与接收两端直接连接的方式,或用计算机网络、现场总线等方式传输信息。但发电厂、变电站与调度中心端相距几十千米甚至几百千米,不可能采用上述信号传送方式,而只能将已采集的电气量或其他物理量、状态量再转换成适合远距离传输的信号,运用通信技术传送信息。接收端收到信号经还原后,再进行储存并显示。

这就是电力系统中的远动系统实现远方信息传送与接收的概念。

### 6.2.3　远动系统的构成

远动系统作为 SCADA 系统基础,也是实现其主要功能的微机远动系统,由 3 部分组成:远方终端(RTU)、主站端(MS)及通道。图 6.2 为其基本结构示意图,该图也说明了遥远信息传送的过程。

**(1)远方终端(Remoet Terminal Unit,RTU)**

置于发电厂或变电站一端的远动装置称为远方终端设备(RTU)。RTU 对需要进行监测的各物理量及状态量进行采集。由于信息传输距离远,RTU 将采集后的信息进行抗干扰加工(称为抗干扰编码),然后再变换成适合通道传送的信号形式,并按一定方式送入通道。

RTU 的另一作用是接收由通道送来的遥控或遥调命令,并执行。

**(2)主站端(Master Station,MS)**

调度端的远动装置部分称为主站端(MS)。该端将通道送来的信号进行数据处理后,送至计算机系统,用于显示各种图形,制作各种报表、曲线;必要时,将数据送到上一级调度。数据还储存在计算机内供运行分析,或作为调度自动化若干实时应用程序的输入信息。

MS 端还根据运行需要发送 YK,YT 命令。

MS 端不仅实现一般意义上的远动功能,还实现了 SCADA 意义上的其他功能。

**(3)通道**

远动通道将 RTU 与 MS 联成一个系统。通道并不是简单的几条导线,而是包括信号传输的加工设备。

如图 6.2 所示,通道两端设置有调制解调器(MODEM)。由 RTU 送出的数字信号实际是经过 MODEM 中的调制器调制成适合通道传送的形式(如高频正弦波信号或其他形式)再传送。调制过的信号经过通道后,再经过 MS 端的 MODEM 中的解调器还原成原来的数字信号。广义的通道包括了两端的 MODEM。

图 6.2　远动系统结构及信息传输示意图

在电力系统中,常使用以下几种通道:电力线高频载波通道、微波通道、有线信道、光缆等。目前最常用的是电力线高频载波通道。近年来,光纤由于其高抗干扰能力及价格的下降而得到越来越多的应用。

**(4)按信号传送方式对远动系统进行分类**

根据电力调度的需要,MS 端应始终保持着各 RTU 的实时数据,因而各 RTU 应按一定规约向 MS 传送信号。按照当前通行的两种信号传送规约,可将远动系统分成循环式与问答式。

**1)循环式(CDT)**

循环式远动是以 RTU 为主动端,RTU 实时采集数据,并且周期性地以循环方式将采集的数据向 MS 端传送。我国早期的远动系统属于这种方式,现仍在应用。

循环式传送信号时,RTU 传送的数字信号严格按时间划分成一定规格化形式,MS 则在同一时间内按同一规格化约定来接收信号。因此发收两端应同步工作,且有一个统一的时钟。

2)问答式(Polling)

问答式远动以 MS 端为主动端。由 MS 端发出查询命令,对应 RTU 端按发来的命令工作,即发送被监测的 YC 信号、YX 信号。未收到命令的 RTU 则处于原有状态。当有 N 个 RTU 时,MS 可轮流或按特殊要求向各 RTU 查询。这种系统可以进行异步通信,对通道的要求不像 CDT 那样严格,但 RTU 不能主动上报信息是其缺点。

问答式易适应不同的网格结构。问答式系统同样要求有统一的时钟系统。问答式系统现在已在推广应用中。近年还有由计算机局域网通信方式扩展成的分布网式远动,它兼有上述两系统的优点。

### 6.2.4 RTU 与 MS 的基本工作原理概述

#### (1)RTU 的基本工作原理

图 6.3 为 RTU 的结构框图,按此图讨论 RTU 的工作。以 CDT 规约方式来说明。

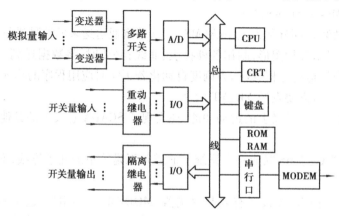

图 6.3　RTU 结构框图

1)模拟量的采集及其信息字

对被测量的采样实际上就是将被测的模拟量经过 A/D 转换,变成数字量。具体过程已在第 1 章说明。

RTU 端的被测量数均大于 1,故各被测量经过多路开关依次送入 A/D 变换电路,变换成对应的一组定长二进制数字信号。

通常,经过 A/D 变换后生成的二进制数字信号再转变成几组 BCD 码来表示,例如用 3 组 BCD 码来表示,则一共用 12 位二进制码就能表示一个被测量。为说明该被测量的性质(电流、电压、功率等)及该数据所在位置(哪一个母线段、哪一条线路等),必须在上述数据前用一定二进制数码加以说明。图 6.4 所示的固定长的二进制序列表示一个完整的被测量,这称为一个信息字。信息字最前面的几位数码为地址码,说明该被测量的位置;第二部分为性质标志;之后才是被测数据;最后几位固定数码称为监督码,正确的称呼是冗余校验码(CRC),其作用将在后面介绍。

必须指出,图 6.4 不是唯一的信息字表示形式。例如,许多具体装置中,将地址码部分称为功能码,说明了该被测量的位置与性质,而性质标志部分则说明被测数据是否越限,以及小

图6.4　信息字的结构

数点位置等。

2）状态量及开关量的采集及其信息字

发电厂、变电站的设备状态及保护装置的工作与否的开关量数量极大，即 YX 数量均较大。不论是状态量或开关量，均可用相应的断路器辅助接点或继电器来表示其工况。同样，开关量的输入见第 1 章相关内容。

RTU 的一个信息字长（即二进制数码个数）为固定长，而一个 YX 量只用一个二进制数就可以表示其状态，加上说明这一状态量（或开关量）性质的二进制数，表示一个完整的 YX 信息，也只占几位二进制数。因此在一个信息字的数据段（例如为表示完整的 YC 信息为 12 位）就可以表示多个 YX 状态量。故一个信息字表示一组 YX 量。

3）YK，YT 的输出回路

对应图 6.3，RTU 接收 MS 发送的 YK 或 YT 命令并经过辨识后，送到 I/O 的输出接口电路。I/O 输出接口与隔离继电器相连，因此，RTU 是通过隔离继电器来执行命令的。隔离继电器的作用与 YX 输入接口的重动继电器相同，即隔离高压及可能的干扰。

新型远动装置中，如第 1 章已指出，已采用能耐高压且有较好抗干扰能力的光隔 I/O 接口电路代替重动继电器与隔离继电器。

4）抗干扰编码与信号发送

前面已提到 RTU 发送的信号要进行抗干扰编码，这有两部分抗干扰处理。

①信息字的抗干扰处理。在每个信息字最后附上的 CRC 即为增强信息字抗干扰能力所加的监督码。最简单又常用的 CRC 是奇偶监督码，只用一位二进制数即可实现。实际的 CRC 是采用一种线性分组码生成。各 CRC 与其相关信息字中数据有固定的数学关系。由此可以判别信息字是否受干扰。

②信号的发送。以发送 YC，YX 说明。RTU 每次采集 $n$ 个 YC 与 YX 量后，将它们处理为 $n$ 个信息字，在程序安排下，在 $n$ 个信息字前加上同步字与控制字两个特别的"字"，构成如图 6.5 所示的形式，称为一帧信息。一帧信息在程序安排下经串行接口（SIO）送至 MODEM 并发送。一帧信息传送完，又开始第二帧信息的组成与传送。如此循环。

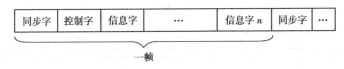

图6.5　一帧信息结构示意图

一帧中的同步字表明一帧的开始。接收端收到同步字后，发收双方开始同步工作。而控制字是说明本帧的特点。由于是微机远动，每帧信息字数量可以不一致，且可以将 YC 分成重要、一般等性质。故用控制字来说明本帧信息字的 $n$ 为多少，传送的 YC 的性质，信息来至哪个电厂（或变电站）和送至何处。

图 6.3 中的 CRT 是作为 RTU 调试时使用，RTU 运行时也作监测用。

问答式规约的远动不再作说明。

（2）MS **的工作概述**

图 6.6 为 MS 端最基本的结构示意图。RTU 通过通道送来的信息经过 MODEM 的解调器进入 MS,MS 对进入的信号经过检查,确认信号未受干扰破坏后,根据每个信息字的性质及需要,进行数据处理;然后一方面送数据库保存,另一方面送 CRT 显示。调度端均有大型模拟屏,屏上能显示断路器状态及潮流,这是由 MS 经过并行与串行接口送到专门的模拟屏智能控制器来实现的。

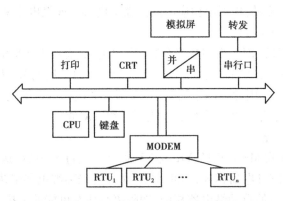

图 6.6　MS 端最基本的结构框图

一个 MS 端总是对应若干个 RTU。因此每个 RTU 均是先进入对应的 MODEM 后再进入MS。图中的 MODEM 实际为 $n$ 个。当 RTU 不止一个时,每个 RTU 传送的信号应注明其编号,MS 才能辨识。

当 MS 要向上一级调度转送数据时,MS 还应专门设置转发接口。

以上是 MS 的基本工作状况。由于调度自动化功能的逐步扩大,其重要作用日愈明显,MS的结构也日趋复杂。当前的调度端已以工作站方式来适应调度自动化的要求,同时,工作站又因其工作的先进性而促进调度自动化功能更加强大和完善。图 6.7 给出了一种可行的 MS 工作站方式结构图。这是当今调度自动化的一种系统结构。图中的前置机完成各 RTU 送来的数据收集与基本数据处理。其他工作由主机完成。而图中给出的两台主机,可互为备用或热备用方式。更多功能由工作站承担,以减轻主机负担。

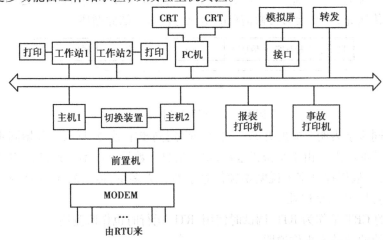

图 6.7　MS 端调度自动化系统结构示意图

# 6.3　配电网自动化简介

### 6.3.1　概述

电力系统与用户相连的网络部分称为供配电网,简称配电网。配电网的特点是结构复杂,运行方式多变。其自动化程度较输电系统低。

由于国民经济发展,对电力需求越来越高,对电力质量要求也越来越高,因而对配电网安全可靠运行及系统经济运行有重要意义的配电网自动化得到了重视,近年来得到很大发展。

配电网自动化包括的内容很广,且至今无明确界定。通常认为从变电、配电到用电过程监测与控制管理的各种自动化所涉及的内容为配电网自动化。这包含变电站自动化、馈电线自动化、配电网调度自动化,需方(用户)用电管理等。而配电网调度自动化应建立在相应的SCADA 基础上。下面就按这种界定对相应的自动化系统进行简介。

### 6.3.2　变电站自动化

#### (1)变电站自动化系统的概念

变电站自动化的实施经历了早期的分立元件组成的自动化系统;以 RTU 为中心,就地监视、继电保护、自动装置仍独自运行的孤岛自动化系统;之后,则是前一类自动化系统的改进,即变电站设立的监控微机管理全站的监控、保护及自动装置和 RTU 的集中式自动化系统;直到当今,将变电站的监测、保护、控制与信息传输集成为一个以微机系统实现的综合自动化,整个变电站实现数据共享。如今所指变电站自动化即为此。

这种自动化的实施是将变电站的监控分为站控级(主站)与现场级(子站)。子站以面向对象的原则按一次设备划分,即围绕一个一次设备,其监测、保护、控制集于一体,以通信方式与主站的主控单元及有关的子站进行信息交流,这称为分布式结构。这种结构的可靠性好,抗干扰能力强,扩充性好,维修方便。且因为可以减少控制电缆,简化甚至取消控制室,从而有好的经济性。

#### (2)变电站自动化的主要功能

变电站实现综合自动化后,应有的基本功能是供本站监测、保护及远方遥测、遥信需要的模拟量采集功能,状态量、开关量采集功能,微机保护功能及有功电量、无功电量计量功能,与上级调度部门实现远动信号传输,即变电站应有 RTU 功能。此外,显然还有以下主要功能。

1)自动控制功能

变电站通过多种自动装置实现以下功能:

①电压与无功功率的自动调控。变电站的职能就是变压与分配电能,对用户供给的电能应保持质量合格,且功率因数在规定范围内。由于负荷变动的随机性,电源侧的电压也不能完全保持不变,故变电站的电压与功率的调控是变电站运行中的一项十分重要的功能。为保证电能质量良好,应以自动方式调控。当变电站的主变为带负荷调压变压器时,对于一般呈感性负荷的用户,当今普通的调控方式为自动调节主变分接头及自动投切电容器。根据实际运行时的电压高低及功率因数大小,将运行情况划分为 9 个区域进行调控。近年,由于电力电子技

术的发展,在变电站中,已开始有应用电力电子技术实现的静止式无功功率发生器(SVG),实现可连续调节且对功率因数不论正负均可调的高质量电压无功调控装置。

对于电压闪变与波动,近年还有动态电压恢复器(DVR)能进行自动补偿。

②控制与操作闭锁。变电站经常有对一次设备的投切操作。配电网中的变电站已是日常工作内容之一。为防止误操作造成事故,必须有操作闭锁功能。该功能由微机监控实现。操作违规时,该操作被闭锁并发出警告。

③按频率自动减负荷。这一功能在上一章已作了说明,AFL 均装于变电站中,且已可不单独设置,而将其功能加于出线的微机保护中。

④备用电源自投。在重要的变电站中,应考虑备用电源自投功能。其方式根据实际条件,可为明备用或暗备用。

⑤同期检测与同期自动合闸。当变电站具有双电源,且要求考虑同期时,应考虑此功能。

⑥低压自动减负荷。这是近年来,因网络日趋复杂加入的一种自动安全装置,在一些重要的变电站,当发生电压危险性降低将影响网络安全运行时,应装设此功能装置,其工作过程与 AFL 相似。

2)事件记录

记录变电站运行的事件,包括保护动作顺序,断路器跳合闸记录,供作运行分析、变电站运行日志用。

3)数据处理与记录

数据处理与记录指运行状态变化量、参数越限等,与 2)合并供调度、检修部门使用。

4)人机联系、自诊断功能

由于整个变电站自动化系统是一个计算机监控网,故应有相应的人机联系功能与自诊断功能。

近年,自动化功能还在扩展中。例如,对于谐波污染严重的地区,应在变电站中装设谐波抑制装置。这实际上是一滤波装置。当今已开始采用居于 DFACTS 技术的有源滤波器来抑制谐波。

**(3)分布式变电站自动化系统的功能结构**

具体的自动化系统因设计不同,有集中分布式、分散分布式。不论哪种分布式,均可用图 6.8 表示其功能结构。图中,I/O 表各一次设备对应的开关量及监控功能单元,每一个一次设备均有其 I/O 与保护。I/O 与保护集合即为该设备的功能齐全的子站。

由于一个变电站中保护装置较多,故设置专门的由一套微机组成的保护通信处理器管理全站的微机保护。处理定值修改,查询、储存必要的保护信息,向各保护提供同步时钟信号等。全站自动装置的动作信息,下达指令等信息,也可通过保护处理器管理或独自与站主控单元通信。而开关闭锁主单元的作用与保护处理器相似,I/O 信号(动作信号、监测信号、下达的命令)也可直接与主控单元通信,不用开关闭锁主单元。这视具体情况而定。

主控单元起到全站协调管理、接收调度来的命令并转换为站内应执行的指令,又能通过保护处理器、I/O 收集全站的测量、状态、开关量信息,通过通道传送到调度中心,即主控单元又起到 RTU 的功能。图中还给出了远方监控中心表示可能有的另一需要传送信息的上级站。

站内信息通过站内通信网进行传输。站内子站级可用 RS-485 等串行通信接口实现通信。子站与主站、主站设备之间可用抗干扰能力强的现场总线通信方式。对于大型变电站,主

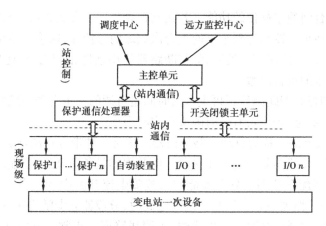

图 6.8　分布式变电站自动化系统结构框图

站级可能是一个计算机网络,此时,常采用计算机局域网作为通信网。而通道媒体,在目前,光纤已被较多地采用。

应指出,当今集中式结构变电站自动化系统仍有一定的应用场合。

### 6.3.3　馈电线自动化

**(1)概念**

馈电线是指配电线的中低压线路,故馈电线自动化是指这类线路上的自动功能体现。此前,变电站自动化已是相对独立的一项系统,且已较完善。而馈电线自动化还是近年才快速发展起来的一项配电网的重要自动化系统。甚至,有时所指配电网自动化就是指馈电线自动化。

一般来讲,凡是应用于馈电线上,体现一种自动控制功能的,均为馈电线自动化,但通常是指馈电线的故障定位、隔离与自动恢复供电系统。本节主要介绍该系统。此外还介绍馈电线无功电压调控的概念。

由于馈电线在户外,且网络多为辐射、串联型。装于现场的自动化终端设备是分散地装于户外的专用柜内。故设备应满足相应环境要求的条件。因为分散安装,其设计必须与相应网络适配。

**(2)故障定位、隔离与自动恢复供电系统**

本系统又称馈电线故障处理系统。

1)功能

顾名思义,本系统是指当配电网中任一段线路发生事故后,该系统自动判断故障区域,之后,隔离该区域,并迅速自动恢复受故障影响而暂时失电的非故障区域的供电。

由于配电网中使用的开关元件性能不同及判别故障方式不同,有不同形式的故障处理系统。而对相间短路事故与单相接地故障又有不同的处理方式。

2)用于馈电线的开关与自动化器件

为了解馈电线自动化工作,应了解使用于馈电网络中的一些自动化器件及开关设备。

①开关。在中低压馈电网络中,除断路器、负荷开关高压熔断器外,还有多种新型开关设备。

a.重合器。重合器是一种将保护与控制功能集于一身的断路器,它具有故障电流检测及按预定的开断和重合闸顺序操作的功能。若达到预先整定重合次数后,仍检测到故障电流,则跳闸闭锁。若故障在重合器未达到整定的重合次数之前已消除,则重合器重合成功,重合器记录重合次数,机构复位。使用重合器时,除与断路器使用条件相同之外,还应考虑它能反映的最小故障电流及要求的重合次数。

重合器的重合时间,即跳闸后到再重合的时间是可调的。重合器的跳闸特性,即跳闸时间 $t$ 与故障电流 $i$ 的关系为 $t=f(i)$,有反时限型和定时限型。

b.分段器。分段器的全称为自动线路分段器。这是一种带有自动计数保护功能的负荷开关,用于馈电线路上,使线路划分为若干区段。因其本体是负荷开关,不能切断短路电流,故必须与断路器或重合器配合使用。分段器能记录故障电流开断次数。当达到整定的记录次数后,若再次由电源侧断路器或重合器断开故障电流时,分段器立即随之跳闸并闭锁,不再合闸。若未达到整定的记录次数,电源侧不再跳闸,表明线路恢复正常。分段器自动将计数消除并复位。

由于分段器是以记录故障电源切断次数来进行自动闭锁控制的,故常称为电流型分段器。电流型分段器是最早应用的分段器,现已很少使用。

c.自动配电开关。自动配电开关也是一种由负荷开关构成的智能化分段器,故也不能切断短路电流,但允许合于有短路故障的线路。该开关是以检测所在线路电源侧有无电压方式实现自身的开、闭控制的。同样,它们须与断路器或重合器配合工作。

该开关检测到所在处电源侧有压时,可自动延时合闸。若电源侧无压时,则瞬时跳闸。在感受到电源侧有压延时 $t_x$ 合闸后,若合闸时间 $t_h$ 小于一个给定时间 $t_y(t_h<t_y)$,因电源侧失压而随之跳闸,并闭锁,即电源侧再有压时,该开关不再合闸。若有 $t_h>t_y$,则不闭锁。下一次电源有压时,仍可实现延时合闸。$t_x,t_y$ 是该开关的两个重要参数。

这种开关常被称为电压—时间型分段器,简称电压型分段器,其应用较广。

②馈线远方终端(FTU)及配电变压器远方终端(TTU)。FTU 是安装于馈电线开关处的远方终端,其工作原理与 RTU 相同。它采集的(包括计算后的)数据就是所在线路的电流、电压、有功功率、无功功率等信息,还可加上停电时间保护数值等功能。它可设置为"远动"与"自动"操作功能。所采集数据经通道送至规定的最近的变电站。作为远方终端,还接受变电站发出的信号并执行。FTU 是当今实施馈电线自动化的基础自动化装置。

在馈电线路上,装设有大量的配电变压器。为了对一些重要的配电变压器进行远方监控,应装设 TTU 装置,其工作原理与 FTU 相同。在功能上,可加装电压调控、谐波监测等功能。

3)故障定位、隔离与自动恢复系统工作举例

实用的故障定位、隔离与自动恢复系统有多种组成形式:如分段器与重合器组合形式,此形式现已基本不用;电压型分段器与重合器组合形式;整个馈电线采用带重合闸的断路器组合形式;基于 FTU 的故障处理系统形式等。现以基于 FTU 的故障处理系统应用于图 6.9 所示的馈电线路,说明故障处理过程。

图 6.9 所示为一拉手式网络。HW 为环网联络开关,正常运行处于断开状态;$F_1 \sim F_4$ 为分段开关。并认为 $F_1 \sim F_4$ 及 HW 均为断路器。$B_1$ 为变电站 $A$ 的出线开关,$B_2$ 为变电站 $B$ 的出线开关。$B_1,B_2$ 的保护均在相应站内。各分段开关处均有分支线及负荷,图中未画出。$F_1 \sim F_4$ 及 HW 均有自己的 FTU。设各 FTU 以光纤通信方式联络并连接至 $A$(或 $B$),各 FTU 均带有对应开关的保护,$F_1 \sim F_4$ 有带限时(0.3 s)速断及重合闸,HW 任一侧无压时,HW 启动合闸,之后

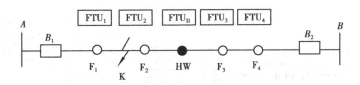

图 6.9　开环运行手拉手网络具有 FTU 配置的示意图

速断及重合闸投入。

设图示 $K$ 点相间短路，$B_1$ 启动 0.7 s 限时速断，$FTU_1$ 启动 0.3 s 限时速断，$F_1$ 跳闸，然后重合；若为瞬时性故障，则 $F_1$ 重合成功。若为永久性故障，则 $F_1$ 再跳闸并闭锁。此过程中 $F_2 \sim$ HW 无压，HW 将此信息传送至 $A$，$A$ 中通信子站判断故障在 $F_1$ 与 $F_2$ 之间（根据 $B_1$ 至 $F_1$ 有短路电流，$F_2$ 无短路电流判断），作出先跳 $F_2$，后合 HW 命令，完成故障隔离并恢复对 $F_2$ 至 HW 之间的负荷供电。

上述方式是最快捷的恢复供电过程。其他方式均比这一方法慢。

其他区段故障时分析方法同上。对于复杂网络故障的处理较上述过程复杂，此时，$A$ 站有专门的分析算法，可根据收到的网络信息快速确定故障点，并作出处理。

**（3）馈电线电压无功调节**

若在馈电线上实时对无功就地补偿，则配电网基本不送或少送无功功率。故当今有馈电线路上安装电容器组供作无功补偿用。装置采用自动检测功率因数并自动投切方式进行，该装置还有一定的电压调节功能，目前已有试验性装置。

此外，在线路上采用串联型的调整变压器，可以调节线路电压。

如前所述，对于重要线路，可用动态电压恢复器来自动保持电压质量。

### 6.3.4　负荷控制

负荷控制是指配电网中，在变电站或通过变电站，运用通信方式，对用户实现负荷控制的一整套技术，实际上就是一种远方控制负荷的投切技术。其基本概念就是在所选用的通信道（电力线、专用有线通信道、光纤无线电通道等）上，选用一种信号载体（工频波、音频波、电力线载波、光波、微波等），将要控制的负荷注明地址，编上编号及命令性质（合闸或分闸），应用一套编码技术，通过编码电路将载体加工成载有信息的有用信号，并通过通信道传送到主网络中，网络中的用户通过接收设备接收这一信号，并通过解码电路识别其意义。若解码后的信号是针对本用户的某一负荷（信号表明的地址、编号与该负荷设定的相同），则该负荷通过开关执行该命令。否则，表明接收到的信号与该用户无关，不执行命令。以上即为负荷控制技术。

可用的负荷控制技术有工频负荷控制系统（对工频电压波加工），此法已少用；音频负荷控制系统（在配电网中传送一个加载有信息，幅值不大的音频电压波）、配电网载波、微波等负荷控制技术。下面以配电网载波方式为例说明负荷控制过程。

图 6.10 为配电网载波负荷控制系统功能结构示意图。图示用户信息经配电网进入装设于变电站的载波机经译码还原进入数据处理及管理单元，该单元还接受与变电站本身有关的电量及状态量信息。当要进行负荷控制时（人工或自动），受控对象及控制性质经编码器编码并经载波机传送到配电网。受控对象所在用户接收后执行。其他用户虽收到信号，但与它无关。图中还给出了"上级控制器"，表明上一级（调度或上一级枢纽变电站）可以通过配电变电站控制负荷。

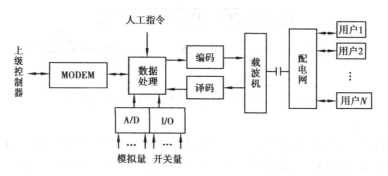

图 6.10    配电网载波负荷控制系统功能结构示意图

### 6.3.5    配电管理系统(DMS)概述

**(1)概念**

前面介绍的变电站自动化、馈电线自动化及负荷控制等,可称为就地监控功能的自动化系统。整个配电网还必须有一个系统级的能监视、协调管理全网功能的自动化管理系统,才能实现配电网安全、可靠、经济运行。此即配电网调度自动化系统。由于当今调度自动化系统均由计算机局域网构成,在配置必要的功能软件后,整个系统有很强的自动管理功能,而被称为配电管理系统(Distribution Management system,DMS)。与输电系统的能量管理系统(EMS)相对应。显然,DMS 必然是建立在相应的 SCADA 基础上的。

当今的 DMS 是一个功能繁多的管理系统。从对全网的负荷预测、运行计划安排、运行状态分析、负荷管理、全网无功电压管理、运行监控及故障处理,直到维修管理均在其范围。

近年来,由于负荷对电力需求日愈扩大,以及负荷本身特点对用电有不同要求,已经将负荷与供电方之间的供需管理技术(称为需方用电管理)形成专门的一个管理领域。而其中的一些自动化系统,如用户信息系统等,则是 DMS 的一项管理功能。

下面择要介绍 DMS 中的几项重要的基本功能系统及几项自动管理功能。

**(2)功能结构**

可用图 6.11 表示 DMS 的功能结构。图中可见,DMS 由一个计算机网络构成,其中SCADA 为该系统的服务器;AM/FM/GIS 为配电网地理信息系统服务器;DBMS 为 DMS 的数据库管理系统。PAS 表示各种应用软件(称为高级应用软件)。就地监控系统指前述的变电站自动化、馈电线自动化等。而其他服务系统则为用户信息系统、生产管理信息系统等。其相互关系如图 6.11 所示。

**(3)配电网地理信息系统**

1)概念

配电网地理信息系统又称为配电图资系统,它是地理信息系统(Geographic Information System,GIS)在配电网中的应用。这一系统由 GIS 配以自动绘图(Automated Mapping,AM)及设备管理(Facilities Management,FM)功能组成。该系统被引入配电网中后,得到极大关注,且得到越来越广泛的应用,成为实现当今 DMS 的基础条件之一。

2)功能及应用

在 AM/FM/GIS 系统中,GIS 在于提供相关事物或设备的一个参考坐标信息,而非地理学领域的应用研究目标;而 AM 表现了电气设备的图形特征及电力网络的实际逻辑布局;FM 则

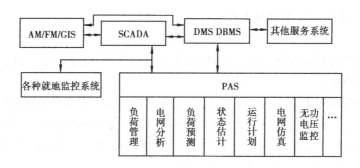

图 6.11　DMS 的功能及结构示意图

可提供设备的技术属性及有关资料数据,它是一个双向查询工具,即可从图形查询设备属性或从设备属性查询图形。三者结合为 AM/FM/GIS,表明 AM/FM 是建立在 GIS 的参考坐标信息基础上的。这一系统具有地图与图形编辑、地图操作、统计与查询及数据管理等基本功能。由以上基本功能可以更具体地表现出以下功能:

①信息资料可视化。将图资系统与 SCADA 配合,可提供实时信息于网络图上,通过图形的缩放,方便调度人员掌握系统运行状况。

②可快速查询系统信息、设备参数,甚至是用户的信息。

③可实现图形与数据库之间双向查询。

④可实现电网络图上作自动状态连接。即在网络图上改变接线方式,通过作色示意,图形数据库也随之自动更新关系数据,实现了调度员不下位操作。

⑤可实现供电小区分割处理。在屏幕的地理图形上圈定待分析小区,则可立即得出该小区有关设备(用户、电杆、变压器等)的数据统计列表,供查询用户及小区负荷分析使用。

⑥可提供跳闸事件报告。在配电网中发生跳闸事件后,AM/FM/GIS 系统将通过图形显示并记录该事件及受影响区域。

⑦可利用该系统提供的网络地理信息方便维护与检修,等等。

由于 AM/FM/GIS 能实时提供配电网中设备的数据、位置及网络地图,因而,它成了负荷管理系统、用户信息系统、配电设备管理系统、用户服务系统等管理系统能完善工作的必具条件。甚至,变电站选址、线路走向等设计工作,也要应用到 AM/FM/GIS 提供的信息。

**(4)应用软件功能简介**

在 DMS 中,有若干重要的应用软件。通过它们的运作,DMS 才能良好地管理配电网。这些应用软件分为基本软件及派生软件。潮流程序、网络分析、网络模型、状态估计、负荷预测、短路电流计算等,均为基本软件。而派生软件则为其他功能软件,如电压/无功优化、掉电管理、负荷管理等。从应用角度看,可将应用软件划分为网络分析、控制管理和调度员培训仿真3 类,同一应用软件可能为多类应用。

下面就几种主要应用软件功能进行介绍。

1)网络建模

网络建模是为其他多种计算,如潮流计算、短路电流计算、网络重构等提供网络数学模型。

由于配电网可能允许三相不平衡运行方式,因此,对于配电网,要求的模型形式会比输电系统多,且在配电网中,必要时应计入负荷影响。

建立的配电网数学模型应形成专门软件,且网络模型应考虑与 SCADA,AM/FM/GIS 的联系,可从图形数据库中直接生成网络数据。

2)潮流计算

潮流计算是电网调度管理中的最基础、最常用到的计算,也是网络分析、经济运行及培训仿真的基础软件功能。

由于配电网络结构比输电系统复杂,运行方式多,因此,根据提供的网络模型,要作三相平衡或不平衡的潮流计算。此外应注意到,配电网线路的电阻电抗比值较大,若直接应用输电系统中常用的牛顿—拉夫逊法计算,也可能收敛,但速度较慢,在一些特殊网络中则可能不收敛。当今有多种专门应用于配电网的潮流计算程序。

3)网络结线分析

网络结线分析用于确定配电设备接线和带电状态,还用来检测辐射网络是否出现不应有的合环现象,若有,应报警。

网络结线分析时,以电气岛概念来进行分析。所谓电气岛是指连接于同一结点的变压器与线路的合称,而这一结点即是母线。只有当电气岛既有电源又有负荷时,该电气岛才有计算意义,否则无计算意义。进行网络结线分析时,无计算意义的电气岛不参与计算(实际是通过开关与电源、负荷断开的部分)。但对指导检修却是重要的,因为这类电气岛在进行倒闸操作或改变负荷时是需要考虑的。

网络结线分析过程可用动态着色方法。例如,馈电线被跟踪着色、负荷切换到不同馈线时也随之变色。接地、带电、不带电均可以着色表示,等等。

4)状态估计

电网实时运行状态是通过 SCADA 监测数据来了解的。而 SCADA 所提供的数据不可能十分完备,且可能存在不良数据,即 SCADA 不可能对全网所有运行状态都能提供完整的监测数据,此外,还存在测量误差,个别数据甚至达到不可信的大误差,为此需要通过状态估计环节处理。

状态估计基于实际网络拓扑模型,对输入的 SCADA 数据进行计算处理,能去除不良数据,提高 SCADA 数据精度,补充不足测点,全网可观测性得到提高,因而可较好地确定当前电网运行状态。

状态估计算法常用的是最小二乘估计方法。该方法的实质是通过对实际的一组测量量 $Z$,求其估计值 $\hat{X}$,使之最接近真实值 $X$ 的方法。

5)负荷预测

负荷预测是对电网进行合理管理、电网设计所必需的重要依据。良好的负荷预测能提高电网运行的可靠性与经济性。调度管理过程中,要求的是短期日负荷预测。正确的负荷预测可以经济合理地安排电网内机组的启停,减少不必要的储备容量,给需要的检修计划提供依据,更是电力市场需求的预测。

在配电网中,负荷预测包括地区负荷预测与变电站母线负荷预测。为更好地进行调度管理,当今的负荷预测甚至要求作小时预测,直接在 DMS 的计算机系统中实时显示预报值。

正确的负荷预测由良好的算法实现,至今仍是电力系统关注的课题之一。

6)配电网电压/无功优化调度

电压/无功的控制是变电站的重要职能。在配电网的调度管理中,仍是十分重要的功能。

所谓优化调度,是指在保证全网安全可靠的前提下,保证向用户提供的电压质量合格,网损降低,使全网经济性提高。

在变电站安装合理的无功补偿装置及电压调控装置的条件下,电压/无功优化是调度端通过调控算法给出网络当前应有的优化分布,下达指令,使变电站执行实现。优化过程较复杂,但优化算法十分重要。

7) 配电网的网络重构

所谓网络重构,是指在满足网络约束条件(如各节点电压必须合格,还可加网损失不大于某个值等)和全网无闭合环网拓扑结构的前提下,通过人工或自动方式,改变网络中一些开关的分合状态,使网络拓扑发生改变,形成新的结构,此即网络重构。

在配电网中,由于负荷变化、检修安排、电网电源点影响诸多原因,常要求进行网络重构。重构时,不仅电压应合格,还应要求平衡负荷,降低网损,以提高供电可靠性和经济性。前述事故后的恢复供电过程也应该有重构的要求。可见,网络重构同电压/无功优化调度一样,也是一项重要的调度功能。

网络重构已有一些实用算法。现在配电网日趋复杂,故仍在探求更新更好的方法。

DMS 还有若干重要功能软件,如短路电流计算等,不再作说明。

(5) **配电网调度培训模拟**

配电网调度培训模拟也称为配电网操作培训模拟(或仿真)。它是 DMS 的一项重要功能,这不仅是作为调度人员进行运行操作的培训工具,还是分析和计划工具。

仿真系统能复现网络已出现过的运行方式(包括各种正常,非正常及事故恢复状态),或设计中的未来可能出现的运行方式,供培训人员训练或对将出现的方式提出应对操作。

培训模拟系统是在利用数字仿真技术实现的网络上,汇集各种应用软件功能,加上动态变化和设定的教案(即给定各种特定运行方式)和对受训人员操作的评价软件模块,就可使模拟状态再现已有场景或预想方式的状态及得到操作后果的评价。

在输电系统中同样有相应的调度培训模拟系统。

在 DMS 系统中,还有很多重要的子系统。如用户信息系统、负荷管理系统等。此外,前面已提到的需方用电管理等,均不再介绍。在有关专业课中,有较全面的阐述,请读者自行参阅。

# 复习思考题

6.1　调度自动化在电力系统中起什么作用? 它包含哪些功能?

6.2　电力系统为何要采用分层控制?

6.3　远动系统包含哪些功能? 该系统由哪几部分组成? 远动系统与 SCADA 系统有何区别?

6.4　遥远信息传送有何特点? 电力系统中常用的远方信息传送方法有哪几种?

6.5　比较问答式与循环式远动传送信息的特点。

6.6　RTU 如何搜集和传送信息?

6.7　MS 如何接收遥测遥信信息(以循环式为例)?

6.8　配电管理系统的含义是什么?

6.9　DMS 包含哪些主要功能？

6.10　变电站综合自动化有哪些功能和特点？

6.11　馈电线自动化主要指哪些自动化功能？

6.12　AM/FM/GIS 是什么系统？为何在配电网中得到广泛应用？

6.13　DMS 中有哪些重要的应用软件？

6.14　状态估计、网络重构各是什么功能？

6.15　调度培训仿真有什么意义？

# 参考文献

［1］杨冠城.电力系统自动装置原理［M］.3 版.北京:中国电力出版社,2012.

［2］丁书文.电力系统微机型自动装置［M］.北京:中国电力出版社,2005.

［3］P.KUNDUR.电力系统稳定与控制［M］.本书翻译组,译.北京:中国电力出版社,2002.

［4］南京供电网调度自动化实用化达标专辑［J］.南京供电科技情报,1990(3).

［5］韩富春.电力系统自动化技术［M］.北京:中国水利水电出版社,2003.

［6］能源部西北电力设计院编.电力工程电气设计手册 2［M］.北京:水利电力出版社,1990.

［7］黄耀群,李兴源.同步电机现代励磁系统及其控制［M］.成都:成都科技大学出版社,1993.

［8］许克明,熊炜.配电网自动化系统［M］.重庆:重庆大学出版社,2007.

［9］王清亮.电力系统自动化原理及应用［M］.北京:中国电力出版社,2014.

［10］王曼,杨素琴.新能源发电与并网技术［M］.北京:中国电力出版社,2017.

［11］李开复.AI 未来［M］.杭州:浙江人民出版社,2018.